自然科学学术文库

黑龙江省精品图书出版工程

水下复杂声源辐射声功率的
混响法测量技术研究

李 琪 尚大晶 著

U0323609

HEUP 哈尔滨工程大学出版社

内 容 简 介

本书主要论述了非消声水池内水下复杂声源辐射声功率的混响法测量技术,通过理论分析、实验验证等证明在非消声水池中采用混响法可以较准确地获得水下复杂声源的辐射声功率。

本书是关于水下复杂声源混响法测量的一部专著,可供水下目标特性、水下噪声测量、计量及评价等领域的广大技术人员学习与参考,也可作为高等院校和科研院所水声专业高年级本科生、研究生的教材或参考书。

图书在版编目(CIP)数据

水下复杂声源辐射声功率的混响法测量技术/李琪,尚大晶著. —哈尔滨:哈尔滨工程大学出版社,2016.02
ISBN 978 - 7 - 5661 - 1167 - 8

Ⅰ.①水… Ⅱ.①李… ②尚… Ⅲ.①水下声源 - 水声混响 - 声功率测量 Ⅳ.①TB52

中国版本图书馆 CIP 数据核字(2015)第 301190 号

选题策划	卢尚坤	
责任编缉	丁 伟	
封面设计	恒润设计	

出版发行	哈尔滨工程大学出版社
社　　址	哈尔滨市南岗区东大直街 124 号
邮政编码	150001
发行电话	0451 - 82519328
传　　真	0451 - 82519699
经　　销	新华书店
印　　刷	哈尔滨市石桥印务有限公司
开　　本	787mm×960mm　1/16
印　　张	7
字　　数	141 千字
版　　次	2016 年 2 月第 1 版
印　　次	2016 年 2 月第 1 次印刷
定　　价	28.00 元

http://www.hrbeupress.com
E-mail:heupress@ hrbeu. edu. cn

前　　言

水下声源的声学特性是水声学的重要研究内容,声源包括人工声源和各种结构声源。水下声源除极少数的人工声源,一般运载器作为声源大多结构复杂,包括各种类型的发声机理,如机械噪声、水动力噪声及螺旋桨噪声等。

在声学里,声源的特性可以用两种方法表述:一种是用声源在自由场条件下所产生声场的空间特性来描述;另一种是用声源的辐射声功率来表示。第一种方法的优点是空间特性刻画精细,可以获得声源的空间特性(指向性);缺点是当声源尺寸很大时,很难找到尺度相当的消声水池进行测量。第二种方法的优点是辐射声功率测量的条件容易满足;缺点是很难给出空间特性。

声源的辐射声功率可以根据定义采用包面法获得,也可以采用混响法获得。

混响法是建筑声学中常用的测量声源辐射声功率的方法,国际上已建立了相应标准。我国20世纪80年代末开始将混响室理论引入水下声源辐射声特性测量,开展了一系列方法研究,经过二十多年的不断完善,已经掌握了在非消声水池中采用混响法测量水下声源辐射声功率的方法,包括声场校准、空间平均方法、低频修正方法、流场控制等。

水下复杂声源辐射声功率的混响测量方法具有以下优点:

(1)准确,通过标准声源校准,使测量结果具有良好的重复性和一致性;

(2)可以在实验室非消声水池中进行,背景噪声低;

(3)不受气候等条件影响,测量周期极短,混响法测量与包面法辐射声功率测量相比,测量效率提高10倍以上;

(4)经济性好,费用低。

本书主要论述非消声水池中水下复杂声源辐射声功率的混响法测量技术,通过理论分析、实验验证等证明在非消声水池中采用混响法也可以较准确地测量水下复杂声源的辐射声功率。

全书由4章组成:第1章阐述了水下复杂声源辐射声功率的混响法测量技术的研究背景及国内外研究现状;第2章分析了矩形非消声水池内的简正波分布,论述了有限空间中简单声源及复杂声源作用下的声场,讨论了混响法声源辐射声功率测量的低频边界影响问题并提出针对不同边界的校正方案,分析了空间平均的作用;第3章为水下复杂声源辐射声功率的实验研究,测量了标准声源及水下复杂声源的辐射声功率,在不同尺度非消声水池中测量了声源的辐射声功率,对测量结果进行了分析,并总结了水下声源辐射声功率测量的不确定性;第4章研究了混响法在流激水下翼型结构流噪声测量中的应用,在重力式水洞中搭建了一套实验测量系统,利用混响箱法测量了水下翼型结构模型的辐射声功率,在此基础上研究了流噪声特性。

本书是关于水下复杂声源辐射声功率混响法测量的一部专著,可供水下目标特性、水下噪声测量、计量及评价等领域的广大技术人员学习与参考,也可作为高等院校和科研院所水声专业高年级本科生、研究生的教材或参考书。书中内容力求精简,数学力求简单,收集试验资料力求充实,以使读者易于理解本书的基本观点。希望本书能对读者的工作和学习有所裨益。

本书由哈尔滨工程大学李琪、尚大晶共同编写,其中李琪教授编写第1章,并对全书统稿;尚大晶副研究员编写第2章至第4章。

刘永伟、唐锐、张超、肖妍、芦雪松讲师等为本书的审稿工作付出了辛勤的劳动,在此深表感谢。

本书的编写与出版工作得到了黑龙江省精品图书专项基金的资助,在此特表感谢。

限于水平和经验,本书的不足之处敬请读者指正。

著 者

2015 年 12 月

目　　录

第1章 绪　论

1.1 引　言

　　水下运动目标的声学特性是水声学的重要研究内容,且水下运动目标大多结构复杂,包括各种类型的声源,如机械、水动力及螺旋桨声源等。水下复杂声源的声学特性包括声功率、指向性及频谱特性。水下目标的声学特性多以海上直接测量为主。由于受海洋环境噪声及海底、海面反射影响,导致测量的起伏大,可靠性和重复性不高[1]。

　　混响室是空气声学研究中的一个非常重要也是经常使用的实验测量标准装置,广泛应用于不规则复杂声源的辐射声功率测量、噪声源定位[2]、故障诊断及声波无规入射时材料吸声系数[3-16]的测量等。例如:德国大众汽车公司在沃尔斯堡的声测量中心采用混响室测量整车及重要部件的辐射噪声,并有针对性地采取减振降噪措施;国外很多机场采用混响室测量航空终点站装置及航空终点站设备的辐射噪声。与混响室测量相关的测量方法已有相应的国际标准。

　　由于一般非消声水池壁面的反射系数较低,所以在水下较难建立理想混响声场,这是水下混响法得不到认同的主要原因。若可证明在非理想混响声场情况下采用混响法也可以准确地测量水下复杂声源的辐射声功率,则可解决水下复杂声源的辐射声功率测量及噪声源评估问题。在非消声水池中进行的水下复杂声源的辐射噪声测量背景噪声干扰较低,不受海洋环境的限制;水下目标可以工作在单机状态,从而能够准确地测量出每台设备对水下复杂声源辐射噪声的贡献。

　　水和空气物理特性上的较大差异,使得非消声水池声学特性与空气中的混响室声学特性具有较大的差异性。具体表现在:空气中,边界可做刚性近似,水中不可做刚性近似,可视情况做软边界或阻抗边界近似;水池壁面的反射系数低于空气中的混响室;相同尺度的水池及混响室,水池中的截止频率高于空气中的混响室;相同尺度的水池及混响室,水池中混响半径大,混响控制区小,在测点数相同的情况下,水池中测量的不确定度增加。因此,非消声水池的声学特性与空气中的混响室明显不同。将空气声学中的混响室测量技术移植到水下复杂声源的辐射声功率测量中需要研究非消声水池中的混响声场特性,并证明在此条件下也可以准确地测量水下复杂声源的辐射声功率。本书编写的主要目的就是研究非消声水池中的混响声场特性及非消声水池中水下复杂声源的测量方法,以实现在非消声水池中对水下复杂声源辐射声功率的准确测量。

1.2　国内外研究现状

1.2.1　空气声学中的混响测量方法

混响室主要用于三个声学量的测量标准中:混响室中声学材料的吸声系数;建筑物的声传递损失;声源的声功率输出。有关这些测量的不同国际标准已出现了很多年,且一直在修订中。

混响声场只有满足或近似满足扩散场特性才能够进行声源的辐射声功率测量。扩散场通常定义为:在扩散场中的任意点,混响声波由所有方向的入射声波构成且各方向的声波具有同等的强度和随机的相位[17-18];在扩散场中的任何点,混响声能密度都相等[19-20]。Sabine[21]及 Eyring[22]等扩散场理论可用来预测扩散场的声衰减、混响时间及稳态声压级。Kuttruff[17]研究了两种提高混响声场扩散性的方法,包括提高房间壁面的反射及在房间中添加散射体。移动反射体这一技术首先由 Sabine[23]引进并使用,Sabine 被称为混响室之父。和 Sabine 的很多观点一样,移动反射体引起了广泛关注。很明显足够尺度的移动反射体将对混响室的模态产生平均效果,即它将改变混响室中简正模态的频率,同时改变某点的声场。在测量中,这一平均效果是很有用的。Lubman[24]等已研制出新型散射体,该散射体与平板叶片反射体相比具有很多优势,使用中已表明该散射体可以降低测量的不确定度。然而,移动散射体将改变或影响声源的声功率输出。Ebbing[25]的实验已验证了这一点。因此,如果我们想获得精确的结果,必须保证增加移动反射体不会对声功率输出有太大的影响。

在混响室室内模态方面,Richard Bolt[26-27]在混响室模态的统计方面做了很多杰出的贡献。他总结了如何在频带内计算模态的数量并研究了混响室频响曲线的不规则性。Sepmeyer[28]研究了什么形状及比例的混响室最好。Schroeder[29]及 Mailing[30]专注于研究在给定的混响室,多高的频率才能满足足够的模态密度,即具有足够的模态重叠使测量满足规定的精度;并给出了混响室测量的 Schroeder 截止频率。

为了增加混响声场测量的精度,需要研究混响声场的统计特性。1955 年,

Richard Cook[31]把统计分析应用于室内声学中,定义了理想混响声场中两空间点均方声压相关系数如下:

$$R = \frac{\langle p_1(t)p_2(t)\rangle}{(\langle p_1^2(t)\rangle\langle p_2^2(t)\rangle)^{\frac{1}{2}}} \quad\quad (1-1)$$

式中 $p_1(t),p_2(t)$——空间两点在时刻 t 的瞬态声压;

　　符号〈〉——长时间平均。

对于完全扩散声场的两点,Richard Cook 等推导的平均互相关系数 $\bar{R}$ 如下:

$$\bar{R} = \frac{\sin(kr)}{kr} \quad\quad (1-2)$$

式中 k——波数;

　　r——水听器间的距离。

Richard Cook 也给出了某一混响室的相关系数的实验测量结果,如图 1－1 所示。图中每一 R 值都画成竖线,其长度表示 R 脉动的幅值,竖线上的小圈表示 R 的平均值。其相关系数的实验测量结果与理论预测结果非常一致,说明实验的声场扩散性很好;同时发现只有经过大量的平均,相关系数的实验测量结果才与理论预测结果一致,说明混响声场的测量结果只有做大量的平均才有意义。他得出"半波长的两点其相关系数为零"这一重要结论,对混响理论的发展起到很大的推动作用。

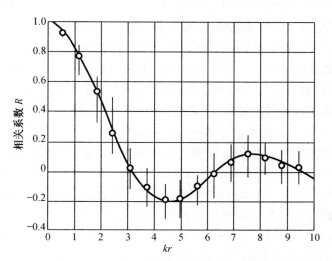

图 1－1 相关系数 R 与 kr 的关系曲线

(见文献[31]之图 7)

其后,很多作者通过研究混响声场的相关函数进而研究声场的扩散性。实验研究方面,Balachandran[32]得到的某一混响室在白噪声激励下的1/3 倍频程频带相关函数的实验结果与 Cook 的预测值 $\sin(kr)/kr$ 相当一致;Schroeder[33]使用正交模态扩展理论计算了扩散场能量密度的分布及相关函数,计算了单频及限带频率激励下的声压及声压梯度,对扩散程度的评估提出了建议;Lubman[34]使用声场扫描装置提出了一种采用无指向性传声器在二维及三维扩散场中测量自相关和指向性函数的技术;Koyasu 及 Yamashita[35]也给出了某一混响室的相关函数及混响室内的指向性模式实验结果,需指出的是观察混响声场各方向的相关函数是很重要的;Tohyama 等人[36-37]计算了某一矩形混响室内沿一直线的相关系数和指向性功率谱,测量结果与理论预测结果非常一致,但其没能对声场的定量评估标准提出建议。

理论研究方面,Morrow[38]在腔中计算相关函数时出现了一个高的模态密度,因此忽略了相关函数中的交互相;Blake 及 Waterhouse[39]计算的等熵及非等熵扩散场的相关函数结果表明,非等熵场不影响相关函数的实部,但对其虚部影响很大;Chien 及 Soroka[40]计算了高模态腔在高频静态及衰减状态下的相关函数,得到了静态情况下的 $\sin(kr)/kr$ 的规律;Chu[41-42]讨论了这些相关函数的计算结果及相关函数的交互项。

反映扩散场特性的另一个重要指标就是声场的空间一致性。Waterhouse[43]及Chu[44]计算了空间一致性并总结出:对于单频声源来说,空间一致性不可能建立。Kubota 及 Dowell[45]提出采用渐进模态分析法(AMA)研究某腔中高频情况下的空间一致性,结果表明,AMA 得出的结果比射线声学法给出的结果要好。

混响室的扩散特性已研究了很多年。Bodlund[46]根据扩散场理论,提出了一种随机模型,采用相关系数标准差 ε_d 来评估声场的扩散性,该评价方法得到了实验的验证。Jacobsen[47]采用类似于 Bodlund 的随机模型对扩散场进行了完全的统计研究,研究了空间相关函数和能量密度的分布、平均及均方偏差,对理论预测及实验测量进行了比较。H. Nelisse 和 J. Nicolas[48]提出了一种有效的反映矩形混响室扩散特性的模态方法,采用两个描述因子、声压场的相关函数及空间一致性来研究混响室的扩散特性,根据房间最小容许模态数作为房间达到扩散性的标准。此标准与著名的衡量声场扩散性的 Schroeder 截止频率完全一致。

实际的混响声场很难达到理想的扩散场条件,因为混响声场中的声能不是均匀分布的。Waterhouse[49]认为:混响声场的边界存在着干涉模式,在混响室的墙、边及角处有能量聚积,在这些反射面处,每一入射波都产生同相位的反射波,在这些界面附近相位不再随机,在混响室中选择源和接收器位置时,需考虑这些干涉效果。另外,在没有移动反射体的情况下,单个或多个纯音激发的混响声场存在着能量的不均匀性。

在混响声场中进行的单次测量通常都是不精确的,只有基于大量位置测量基础上的空间平均才有实际意义。因此研究混响声场的统计特性对于在混响声场中进行的声源辐射声功率、材料吸声系数及部件的声传播损失等标准声学测量意义重大。

在进行这些测量时,通常根据混响声场中单个或多个位置的声压采样来得到混响声场的能量密度。通常人们假设整个混响声场的能量密度相同。这种理想的声场通常不存在。通过对单频及多频信号采样分布的理论分析表明:多点的大量采样值的平均值在均值的规定限度内。

为了弄清楚混响声场的基本特性,先考虑稳态单频声源激励的声场。声源在混响声场中辐射信号、声场的尺度比信号的波长大很多。声场中的任何点都包含大量的平面波,其入射方向和相位是随机的。根据 Waterhouse[50] 的推导,单频随机相位平面波的均方声压 $\overline{p}^2$ 在混响声场中遵循指数分布,其概率密度为

$$P(\overline{p}^2 = x) = e^{-x} \qquad (1-3)$$

其分布如图 1-2 所示($M=1$)。

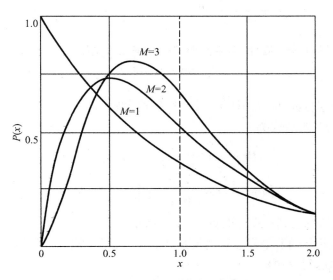

图 1-2　均方声压的概率密度函数按 γ 分布

(见文献[50]之图 2)

均方声压 $\overline{p}^2$ 的概率分布密度函数为

$$F(\overline{p}^2 \le x) = \int_0^x P(x)\mathrm{d}x = 1 - \mathrm{e}^{-x} \qquad (1-4)$$

该函数如图 1-3 所示。从图 1-3 可知,单频激励下的混响声场是不均匀的。但通过对大量测点的平均,得到的数据才有实用价值。该图上也列出了实验数据,该实验数据是在混响声场中 50 个点测量的均方声压值,测点间不相关(测点间距大于 $\lambda/2$)。由图 1-3 可见,实验数据与理论结果吻合得很好。

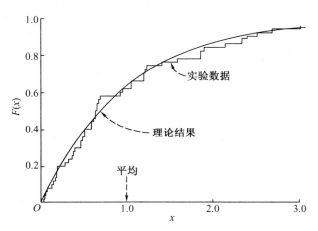

图 1-3 混响声场中单频信号均方声压采样的概率分布函数

(见文献[50]之图 1)

若在 M 个点测量均方声压 $\overline{p}^2$ 并进行平均,平均后的均方声压 $\overline{p}^2$ 遵循 γ 分布 $\gamma(x, M, 1/M)$,其表达式为

$$P(\overline{p}^2 = x) = \frac{M^M}{(M-1)!}x^{M-1}\mathrm{e}^{-Mx} \qquad (1-5)$$

$$F(\overline{p}^2 = x) = \frac{M^M}{(M-1)!}\int_0^x x^{M-1}\mathrm{e}^{-Mx}\mathrm{d}x \qquad (1-6)$$

对于不同 M 值,其概率分布如图 1-4 所示。

图 1-4 表明:随着采样点数的增加,测量值接近平均值 1 的概率就增加了;当 $M \to \infty$ 时,概率达到 100%。

当激励源包含 R 个频率成分,且不同频率成分有相同的幅值,在声场中对 S 个独立的采样点进行采样,均方声压 $\overline{p}^2$ 仍遵循 γ 分布 $\gamma(x, M, 1/M)$,只是这里 $M = RS$,表示频率数与测量中采样数的乘积。

考虑均值 ± 1 dB 的概率,我们可以画出测量的平均均方声压 $\overline{p}^2$ 处于此范围的

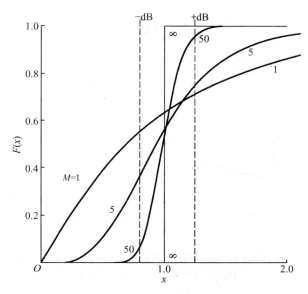

图1-4 分布函数 $F(\bar{p}^2 = x)$ 与 x 的关系曲线

（见文献[50]之图3）

概率与 M 的变化关系,如图 1-5 所示。由图 1-5 可以看出:如果信号包含 10 个频率成分,测量数据对两个对立的测量点进行平均,于是 $M=20$,那么均方声压 $\bar{p}^2$ 处于均值 ± 1 dB 范围的概率为 70%。

以上结果表明:混响声场不同点的能量密度不能完全达到相等的程度,除非声场中的频率数远远大于 1;同时通过增加采样点数,可提高测量的精度。

Waterhouse[50],Andres[51],Diestel[52] 的研究表明:整个混响声场场点的能量密度遵循 γ 分布;对于单频激励,能量密度很不均匀。采样的概率分布按指数分布,一次测量在声场均值 ± 1 dB 的概率只有 16%;当有 M 个纯音并具有足够的频率空间时,声场的能量变化就降低为 $1/M$。W. T. Chu[53] 按相干及非相干对混响声场进行分类,他所定义的非相干声场实际上就是扩散场,并总结出:单频纯音激励下的混响声场属于相干声场,带限随机信号激励下的混响声场属于非相干声场;单频纯音激励下的相干声场通过对源位置的空间平均可把相干声场转化为非相干声场。因此,为了取得好的实验结果,或者对大量的采样进行空间平均,或者对源进行空间平均。

如果对测量距离至少半个波长的多点进行平均,测量的不确定性可以减少。D. Lubman,R. V. Waterhouse[54] 等研究了沿线性、圆周及圆盘表面的连续性空间平

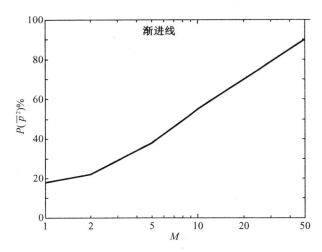

图 1 - 5　均方声压 $\overline{p}^2$ 的测量值在均值 ±1 dB 范围的概率与 M 的关系

（见文献[50]之图 4，M 为频率数与测量中独立采样数的乘积）

均。结果表明：为取得好的空间平均效果，平均路径的长度最好大于一个波长；在同样长度的情况下，直线路径是最有效的连续性平均方式；当圆盘较小时，沿圆盘面的连续性平均不如沿圆盘周长且沿圆盘面进行的连续性空间平均，存在过采样的危险。Chi-Shing Chien[55] 比较了沿球面和球体的连续性空间平均，结果表明：当球的尺度不太大时（相对于波长），沿球面的空间平均效果，优于球体的空间平均效果且沿球体的空间平均也存在过采样的危险。由此推出：沿区域边界的连续性空间平均效果好于对区域的空间平均。R. V. Waterhouse 和 D. Lubman[56] 根据声场相关函数，解释了离散平均的效果优于连续性平均的原因，并认为离散点的平均更能降低测量的不确定性且实验操作简单。D. Lubman[57 - 58] 提出采用等量不相关采样数衡量空间平均的效果，并总结出适用于声功率及声功率级（dB）测量的不同等量不相关采样数。W. T. Chu[59] 讨论了纯音激励下的混响声场均方声压的独立采样数。Carl Hopkins[60] 采用手动扫描装置对混响声场进行了空间平均，并认为：手动扫描设备可以在三维空间中按复杂的几何路径移动，螺旋及圆柱形路径是最有效的空间平均路径。

　　Waterhouse[61] 比较单频作用下激发起一个或多个矩形模态情况下的混响声场的空间变化是很有趣的。采用合适的模态函数计算一个轴向、切向或斜向模态声场的空间变化值是不困难的。结果表明：单频激励下的混响声场的空间变化位于轴向与切向模态声场空间变化量之间。如果我们通过扩大带宽或使用移动反射体等措施改善条件，声场的空间变化还会小。

Morse, Ingard[62], Mailing[63] 及 Waterhouse[61] 等人研究了纯音源的声功率输出并得出了单极子源的理论及实验结果。频率较高时,可以激励起很多交叠的模态,通过改变单极子源的位置可以激励很多交叠的模态,其功率输出按指数分布。这样通过对源足够多的位置移动,就可以保证功率输出足够地精确。很方便地,此功率输出等于自由场的功率输出 W_0。低频情况下只能激励起很少的模态时,源移动很多空间位置的平均功率 $<W>$ 输出并不等于 W_0,而是低于自由场测量值 W_0。其原因在于:有限的采样数、变化的声源辐射阻抗及空间声能密度不均匀导致不同点的测量值不一致。Waterhouse 校正可校正由于靠近反射面引起的干涉模式[49],Schaffner 对 Waterhouse 校正进行了改进使其适用于弹性边界[64]。辐射阻的变化是由于附近界面的反射及介质条件的变化,采用具有低频吸收满足静态扩散场条件的较大水池可减少壁面的反射。采用旋转扩散体不需要太多的接收位置数就可以满足足够的采样需要,同时也可以改善声场的空间平均效果[65]。对源的平均同样可以减少测量结果的变化,若采用有限体积源,不需要对源进行很多位置的平均。根据 W. F. Smith 及 J. R. Bailey[66] 的研究,有限体积声源在混响声场中的辐射阻抗相当于点源辐射阻的空间平均,因此有限体积声源在低频纯音激励下的声功率输出的标准差明显小于点源(当有限体积声源的尺度大于 $\lambda/2$ 时)。他们采用两个 8 in① 及 30 in 的扬声器进行的实验表明:30 in 的扬声器声功率输出的标准差明显小于 8 in 的。

用来评估声吸收的混响时间 T_{60} 也随混响声场测量位置的变化而变化[67]。Hodgson 认为:Eyring[68] 预测的扩散场指数衰减规律依赖于扩散场的形状、壁面及扩散体的吸收[69]。声可能被限制于扩散场的某一区域,导致衰减与理论预测出现偏差[70]。实际上,声场中某一点的 T_{60} 可以通过对均方声压的脉冲响应进行 Schroeder 积分或关断——产生稳态声场的声源后通过评估其衰减率得到。积分脉冲响应法及衰减曲线法都是 ISO 354 标准所允许的。

目前采用混响法进行的声源辐射声功率及声吸收的测量都是基于测量混响声场中的空间均方声压,未来可考虑基于总能量密度的测量。混响声场中某点的均方声压只与该点的势能密度成正比,而势能密度只表示一部分能量信息。2007年, D. Nutter[71] 等建议采用总能量密度法测量声源辐射声功率、声吸收及其他声学量。他们认为:由于混响声场为近似扩散场,基于均方声压(势能密度)的测量在混响声场中存在波动会导致测量结果的不确定,而基于总能量密度的测量比基于势能密度的测量在很多频率范围尤其是低频段具有较好的空间一致性,不但可以

---

① 1 in = 0.025 4 m

减少测量误差,而且由于其只需要较少的测量点数,因此可以简化实验程序。关于采用总能量密度测量声源的辐射声功率,很早就有人提出。1974 年,Tichy 与 Baade 就认为总能量密度可能是更有效的确定声功率的方法,并认为遍及整个混响声场,其空间波动小[66]。同年,Cook 与 Schade 通过理论分析得出:混响声场中总能量密度的空间波动量——规一化标准差大约是势能密度的一半[72]。他们采用平面波管进行了实验验证,结果表明:总能量密度的空间波动量比势能或动能密度的都小。Sepmeyer 与 Walker 在混响室中进行的总能量密度测量表明:总能量密度的波动粗略是均方声压波动的一半[73]。1976 年,Waterhouse 和 Cook 研究了势能、动能及总能量密度与轴向、切向及斜向模态之间的关系[74]。他们对反射面附近其表现因子的描述进行了扩展[26]。1979 年,Jacobsen 使用随机扩散场模型进行分析表明:混响声场中均方声压的规一化空间波动量应该是 1[75]。在 Schroeder 截止频率以上,他采用实验进行了验证。接着他推导出均方粒子速度分量的规一化波动量,发现:它们都近似等于 1,而合成均方粒子速度的规一化波动量是 1/3。势能、动能及总能量密度的规一化波动量分别为 1,1/3 和 1/3,导致规一化空间标准差分别为 1,0.58,0.58。1987 年,Moryl 和 Hixson 也研究了混响室中能量密度的空间分布[76-77],在几个纯音激励下,通过在混响室中部区域进行线性扫描发现:规一化空间标准差分别为 0.94,0.61,0.64,与 Jacobsen 的宽带激励下声场预测结果近似。

混响室是空气声学研究中经常使用的实验测量标准装置,其理论发展较成熟[78-85],广泛应用于不规则复杂结构的辐射声功率测量。在混响室中,G. C. Mailing[86]计算了单极子声源的辐射声功率,Maidanik[87]通过测量加肋板的辐射声功率而研究加肋板对辐射声功率的影响,Ludwig[88]测量了薄钢板在湍流激励下的辐射声功率。普通机器的辐射声功率一般也在混响室中进行。在实验室环境下,T. J. Schultz[89]概括了机器声功率测量方面取得的进展及存在的问题,并对未来的研究进行了展望。但这些方法不适用于实际的工业环境。在具体的操作条件下,G. M. Diehl[90-91]提出了两表面法,并证明两表面法是计算安装在室内的大型机器声功率的最可行方法。由于具体的环境条件不满足自由场条件,因此测量的声功率需要修正,G. Hubner[92-93]研究了几种环境(声场)条件下声功率测量的误差修正方法,并比较了不同方法的精度。C. I. Holmer[94]研究了大型机器放置在室外反射面之上为自由场的条件下测量声功率的方法及精度。O. L. Angevine[95]提出了改善大型机器周围测量环境的临时方法,使其接近自由场条件,以便适用于大型机器的工程测量。具体环境下的大型机器校正因子与大型机器所在房间的特性有关,房间特性又与房间的声吸收有关,J. B. Morland[96]研究了具体环境下测量房间声吸收的方法,对大型机器的声功率测量具有借鉴作用。

1.2.2　非消声水池内混响声场特性实验

在非消声水池中进行声源的辐射声功率测量,首先要了解非消声水池内的混响声场特性,以下实验直观地反映了这些特性。

1. 水池内的各点声压(能量密度)分布不均匀性测量

水下混响声场与空气中的混响室一样也存在着能量密度的不均匀性。采用图 1-6 的非消声水池坐标系统,通过测量 315 Hz 纯音作用下非消声水池中沿跨度方向的声压分布来确定能量密度的不均匀性。刚性壁面情况下的空间因子理论计算值 $F(x)$(纯音频率为 315 Hz,$N_x = 4$),如图 1-7 所示。固定 $y = 1.9$ m 及 $z = 4$ m,在水池中 x 不同的多个位置测量的局部空间平均声压级如图 1-8 所示。由图 1-8 可以看出:发射纯音的情况下,非消声水池不同位置的声压变化最大达 20 dB。其变化趋势与刚性壁面情况下的空间因子理论计算值 $F(x)$ 的变化趋势一致,但由于局部空间平均不能完全消除简正波的干涉,使曲线产生扭曲;又由于壁面阻抗(所测量水池壁面为瓷砖)为非刚性壁面及声源位置的不同,使驻波的幅值及节点位置发生了变化。

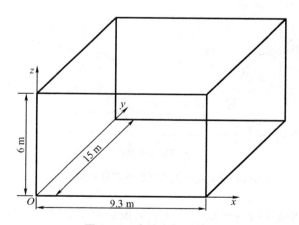

图 1-6　水池坐标系统图

2. 水池池壁反射系数测量

非消声水池内的混响声场特性与空气中的混响室不同,通过测量非消声水池池壁的反射系数可以反映非消声水池内的混响声场特性。

若水池壁面为混凝土结构,取其密度 $\rho_1 = 2.4 \times 10^3$ kg/m³,杨氏模量 $E = 1.7 \times 10^{10}$ Pa,泊松比 $\sigma = 0.21$,由此可算出声波在混凝土中的纵波传播速度 $c_1 = 2\,824$ m/s。若取水的密度 $\rho_0 = 1.0 \times 10^3$ kg/m³,声波在水中传播速度 $c_0 = 1\,480$ m/s,则可求得壁

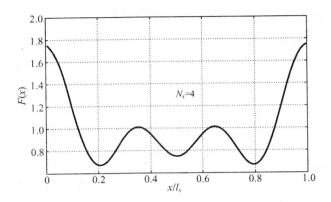

图 1-7 315 Hz 纯音($N_x = 4$)时的空间因子 $F(x)$

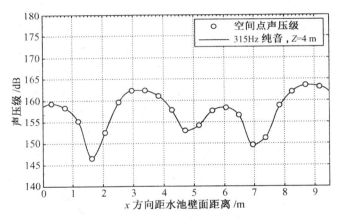

图 1-8 发射 315 Hz 频率纯音时水池不同位置的声压级测量结果

面的垂直入射反射系数 $R = 0.67$。声波斜入射如图 1-9 所示,其中:θ_i 为入射角,θ_r 为反射角,θ_t 折射角。此时壁面的反射系数 R 可以按式(1-7)求出[97-98]:

$$R = \frac{\rho_1 c_1 \cos\theta_i - \rho_0 c_0 \cos\theta_t}{\rho_1 c_1 \cos\theta_i + \rho_0 c_0 \cos\theta_t} \tag{1-7}$$

根据折射定律:

$$\frac{\sin\theta_i}{\sin\theta_t} = \frac{c_0}{c_1} = 0.524 \tag{1-8}$$

可知:当 $\theta_i > 32°$ 时,发生全内反射,此时反射系数 $R = 1$。所以,壁面的平均反射系数 $\overline{R}$ 应该在 0.67~1 之间。我们实测的混响时间约为 0.2 s,由此可推算壁面的平

均反射系数为 $\bar{R} \approx 0.84$,这与我们的分析是相符的。

　　为进一步验证反射系数计算结果,我们采用脉冲法并利用图 1-10 的测量系统测量水池池壁的垂直反射系数。由 PULSE(3160)动态信号分析模块的信号源产生的纯音信号经功率放大器(SST1000T)放大后加到发射换能器 UW350。水听器收到的信号经测量放大器(B&K2692)放大后再送入到 PULSE3160 采集模块并传送至计算机保存。为区分直达声信号、所测壁面反射信号及其他壁面反射信号,应使 UW350 声源及水听器与所测壁面的距离明显小于其与其他壁面或水池表面的距离,同时使水听器位于声源与所测池壁之间并尽量靠近声源,具体位置如图 1-10 所示。

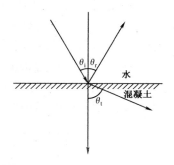

图 1-9　声波倾斜入射

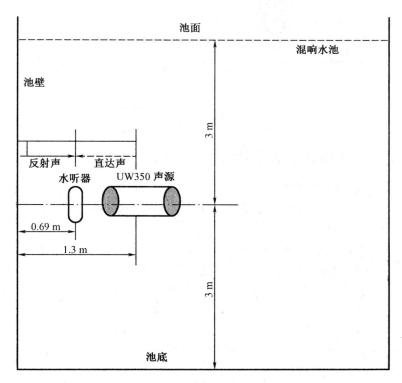

图 1-10　池壁反射系数测量系统

声源发射的纯音信号频率分别为 13 kHz,采用脉冲法测量的时域信号如图 1 – 11所示。在图 1 – 11 的基础上,通过对直达信号及所测壁面反射信号求平均,并根据球面波的衰减规律,得到非消声水池池壁垂直反射系数在 13 kHz 时为 0.714（理论计算结果为 0.67）,测量的误差为 6.6% 。根据非消声水池池壁反射系数测量及计算结果可以看出:非消声水池池壁反射系数较空气中的混响室要小,非消声水池的混响声场特性不同于空气中的混响室的。

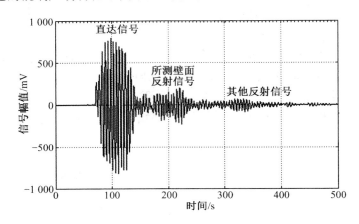

图 1 – 11　采用脉冲法测得的信号

1.2.3　混响法在水下声源辐射声功率测量中的应用

目前采用混响法测量水下目标的研究还很少,JASA 上发表的这方面文章更少,Blake 等[99]采用同一混响室（10 ft × 13 ft × 13 ft）①分别充空气和水利用混响法测量声源的辐射声功率。其测量结果表明:混响室充水测得的混响时间大约为充空气的1/10。他在混响室内测量两定点的声压并根据测量的混响时间来推算声源的辐射声功率。其测量的混响室内充水情况下 50 Hz 带宽内声压级的空间变化为 ±5 dB。造成声压级测量不确定度较大的原因在于其采取定点测量而未采用空间平均测量技术。

国内的一些研究及应用把混响法应用到水下小目标及高频声源的测量中。在非消声水池中,俞孟萨[100]等测量了加肋圆柱壳模型的辐射声功率,王春旭[101]等测量了水下射流的辐射声功率。

哈尔滨工程大学李琪在国内率先开展了重力式水筒噪声测量研究。以往水筒

---

①　1 ft = 0.304 8 m

中测量流激结构模型的水动力噪声一般是将水听器加导流罩固定于水筒内流场中或将水听器悬挂于水筒壁外的储水盒内来进行实验测量的[102-103]。由于水筒内声场畸变的影响,这种水听器放置方法无法准确测量流激水下结构模型的辐射声功率。通过对管道、充水腔及混响箱内声场特性的详细实验研究,提出了一种较好的水筒噪声测量方法——混响箱法[104],也即混响法。即环绕水筒的实验段建一较大的储水箱,通过测量箱内的空间平均声压级并结合箱内声场的校准,便可以准确测量出声源的辐射声功率,该方法解决了水筒环境下测量流激结构模型水动力噪声的国际难题,并成功应用于水声技术重点实验室重力式低噪声水洞工作段内流激结构模型辐射声功率的实验测量中。

混响箱法测量声源辐射声功率的关键技术是空间平均[105]。空间平均的方法是:在箱内缓慢移动水听器,同时 HP3562 做功率谱分析,取 200 次采样平均。由于水听器的运动,每个样本便对应于空间上某点处的声压功率谱。因此,测量结果相当于空间上 200 个点上的功率谱的平均结果。实验研究发现:如不采用空间平均方法,测量的标准声源的峰谷相差约 20 dB;而采用空间平均方法之后,峰谷交错那种大的起伏基本消失,测量结果的重复性很高,两次测量结果间相差不超过 0.5 dB。

目前,混响法在水下声源辐射声功率测量中的普及程度还不高,重要原因在于未采用空间平均测量技术。Blake、俞孟萨及王春旭等在水下混响声场中都采用定点测量方式测量声源的辐射声功率,即使采用较多的定点(10 个或 20 个),若声源发射单频或多频信号,由于混响声场的能量密度存在不均匀性,测得的结果不确定性也很大。若采用空间平均测量技术在非消声水池中通过测量 100 至 200 个点并进行平均测得水下声源的辐射声功率[106],就可以解决此问题。马大猷[107-108]把空间变化因子统一写成 $F(d)$,其得出的空间因子在混响室跨度方向的分布如图 1-7 所示,并研究了混响声场内空间变化因子的平均值 $\overline{F}(d)$。其平均范围为 d_1 至 $l-d_1$(这里 l 为 d 轴方向非消声水池的边长)。分别研究了 $d_1 = \lambda/4, \lambda/2, l/6, l/3$ 情况下的平均并得出

$$\overline{F}(d) \approx 1 - \frac{1}{2N} \approx 1 - \frac{\lambda}{4l} \qquad (1-9)$$

由式(1-9)可以看出:混响声场内空间变化因子在范围 d_1 至 $l-d_1$ 间的平均值 $\overline{F}(d)$ 为常量。

空间平均的效果应该与空间变化因子一样,对于非消声水池的每个点,测量存在不确定性,但基于较大范围的空间平均,所得到的测量结果为常量。

尽管非消声水池中的扩散场特性不如空气中的混响室,给声源的辐射声功率测量带来了困难,但只要研究清楚水下混响声场的特性并有针对性地解决水下复

杂声源辐射声功率测量的实际问题,利用非消声水池并基于空间平均技术测量水下复杂声源的辐射声功率是可行的。

在非消声水池中除了可测量声源的辐射声功率外,在非消声水池中还可以测量水下声学材料的平均吸声系数。水下声学材料的吸声系数测量主要采用驻波管法,由于受声管孔径的限制,样品的尺度受限,测量结果往往难以全面反映大样品的整体声学性能;另外驻波管法只能给出简单结构样品的法向声学特性,无法给出样品的侧向声学特性。混响法可以测量声波在大样品中无规入射时的平均吸声系数,这与实际工程中声波的入射方式较为接近,而且材料在声波无规入射时的平均吸声系数,除了混响箱法尚无其他可替代的测量方法。

第2章　非消声水池内声场研究与分析

本书在非消声水池中采用混响法测量水下复杂声源的辐射声功率。本章从理论上分析非刚性壁面非消声水池内的声场，得出混响声场混响控制区所测空间平均声压级与声源辐射声功率之间的关系，为采用混响法测量水下复杂声源的辐射声功率奠定理论基础。

2.1　矩形非消声水池内的简正波

2.1.1　刚性边界

所用矩形非消声水池的长、宽、高分别为 L_x, L_y, L_z，如图 2－1 所示。从最简单情况入手，假设水池池壁及池底是刚性的，以绝对硬边界近似；水池的上表面为自由边界，以绝对软边界近似。假设声压及粒子速度随时间按简谐规律变化，Helmholtz 等式可写成

图 2－1　水池示意图

$$\frac{\partial^2 \phi}{\partial x^2} + \frac{\partial^2 \phi}{\partial y^2} + \frac{\partial^2 \phi}{\partial z^2} + k^2 \phi = 0 \quad (2-1)$$

$$k = \omega / c$$

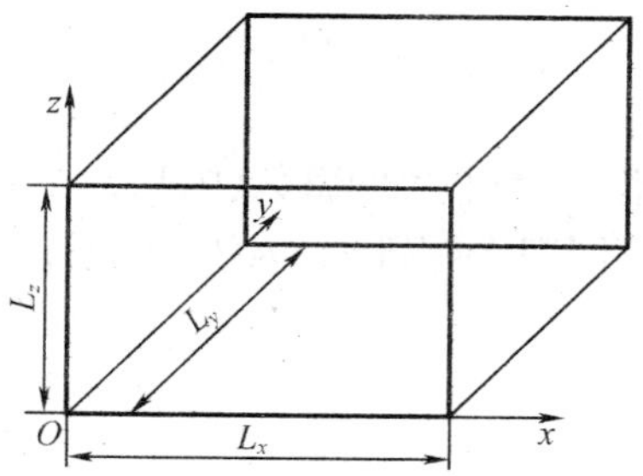

式中　ϕ——水池中声场速度势函数；

k——波速；

ω——角频率；

c——声波在水中传播的速度。

应用分离变量法，取解为

$$\phi(x,y,z) = \phi_1(x)\phi_2(y)\phi_3(z) \quad (2-2)$$

把式(2-2)代入式(2-1)中,可得三个差分等式,取 x 方向如下:

$$\frac{\mathrm{d}^2\phi_1}{\mathrm{d}x^2} + k_x^2\phi_1 = 0 \tag{2-3}$$

取 x 方向的边界条件如下:

$$\frac{\mathrm{d}\phi_1}{\mathrm{d}x} = 0, x = 0 \ \text{及} \ x = L_x \tag{2-4a}$$

$\phi_2(y)$ 也存在同样的等式。

取 z 方向的边界条件如下:

$$\frac{\mathrm{d}\phi_3}{\mathrm{d}z} = 0, z = 0 \tag{2-4b}$$

及

$$\phi_3 = 0, z = L_z \tag{2-4c}$$

新引进的常量 k_x, k_y 及 k_z 满足:

$$k_x^2 + k_y^2 + k_z^2 = k^2 \tag{2-5}$$

等式(2-3)的解如下:

$$\phi_1(x) = A_1\cos(k_x x) + B_1\sin(k_x x) \tag{2-6}$$

为使式(2-6)满足边界条件式(2-4a),则 $B_1 = 0$,且 k_x 需取下列值之一:

$$k_x = \frac{n_x\pi}{L_x} \tag{2-7a}$$

这里,n_x 为非负的整数($0, 1, 2, \cdots$)。

同理,可得到 k_y 及 k_z 的允许值如下:

$$k_y = \frac{n_y\pi}{L_y} \tag{2-7b}$$

$$k_z = \frac{\left(n_z + \frac{1}{2}\right)\pi}{L_z} \tag{2-7c}$$

把式(2-7a),式(2-7b)及式(2-7c)代入式(2-5)中,可得到波动方程特征值的以下表达式:

$$k_{n_x n_y n_z} = \pi\left[\left(\frac{n_x}{L_x}\right)^2 + \left(\frac{n_y}{L_y}\right)^2 + \left(\frac{2n_z+1}{2L_z}\right)^2\right]^{1/2} \tag{2-8}$$

相应于这些特征值的特征函数也很容易得到

$$\phi_{n_x n_y n_z}(x, y, z) = \cos\left(\frac{n_x\pi x}{L_x}\right)\cos\left(\frac{n_y\pi x}{L_y}\right)\cos\left[\frac{(2n_z+1)\pi x}{2L_z}\right] \tag{2-9}$$

式（2－8）中的特征值对应的特征频率如下：

$$f_{n_x n_y n_z} = \frac{c}{2\pi} k_{n_x n_y n_z} \qquad (2-10)$$

表 2－1 列出了矩形非消声水池（尺度 $L_x = 15$ m, $L_y = 9$ m, $L_z = 6$ m）在 $c = 1\ 480$ m/s 情况下的前 20 阶特征频率。

表 2－1　矩形非消声水池（15 m×9 m×6 m）的前 20 阶特征频率

n_x	n_y	n_z	f_n	n_x	n_y	n_z	f_n
0	0	0	61.7	0	0	1	185.0
1	0	0	79.0	1	0	1	191.5
0	1	0	102.9	2	2	0	201.4
1	1	0	114.0	4	0	0	206.7
2	0	0	116.4	0	1	1	208.4
2	1	0	142.5	2	0	1	209.7
3	0	0	160.3	4	1	0	222.5
0	2	0	175.6	2	1	1	225.2
3	1	0	180.2	3	2	0	229.7
1	2	0	182.4	3	0	1	236.9

通过下面的几何表示，我们可以更清楚地理解特征值的分布、类型及数量。建立波数 k 的直角坐标系，三个坐标轴分别为 k_x, k_y 及 k_z。每一个允许的 k_x，见式（2－7a），对应于垂直 k_x 轴的一个平面。同样，每一个允许的 k_y 和 k_z，见式（2－7b）和式（2－7c），分别对应于垂直 k_y 和 k_z 轴的一个平面。因此，这三个等式就表示 k 空间中三套等距离、相互垂直的一系列平面。既然三个相互垂直的平面的每一个交点都对应于某个特征值。所有交点就构成了 k 空间第一象限的一个矩形点网格（见图 2－2）。每个网格点分别对应某个简正波的特征值。简正波的每一组特征值便对应于波数空间中的一个点。

从以上 k 空间表示中，我们可以估计特征频率的数量。

水池内的简正波分布分为以下三类：

（1）轴向波——在坐标轴上的驻波

因为水池的上表面为绝对软边界，所以 $k_z \neq 0$，只存在 z 轴向波。

（2）切向波——在坐标平面上的驻波

因为 $k_z \neq 0$，所以只存在 xOz 及 yOz 两个平面。

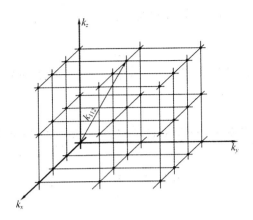

图 2 - 2　某一矩形水池的 k 空间的特征值网格

（3）斜向波——既不在坐标轴上，又不在坐标平面上的驻波

首先计算斜向波的数量。方程（2 - 5）表示波数空间中半径为 k 的一个球面，其体积为 $4\pi k^3/3$。然而，此体积中只有第一象限是我们感兴趣的，其体积为 $\pi k^3/6$。另外，沿三个坐标轴方向，两个相邻网格点间的距离分别为 π/L_x, π/L_y 及 π/L_z。在波数体积中，每个网格点所占的体积为 $\pi^3/(L_x L_y L_z) = \pi^3/V$，这里 V 是考虑的矩形非消声水池的实际体积。现在，我们可以写出第一象限半径 k 内的网格点数，也就是特征频率从 0 到上限 $f = kc/(2\pi)$ 的斜向波的数量：

$$N_f = \frac{\pi k^3/6}{\pi^3/V} = \frac{V k^3}{6\pi^2} = \frac{4\pi}{3} V \left(\frac{f}{c}\right)^3 \qquad (2-11)$$

若再考虑轴向波及切向波，更精确的驻波数量公式如下：

$$N_f = \frac{4\pi}{3} V \left(\frac{f}{c}\right)^3 + \frac{\pi}{4} S \left(\frac{f}{c}\right)^2 + \frac{L_z}{2}\frac{f}{c} \qquad (2-12)$$

式中，S 为水池壁面的总面积。

由式（2 - 12）可算得 $N_{200\ \text{Hz}} = 12.9 \approx 13$，$N_{230\ \text{Hz}} = 18.66 \approx 19$，与表 2 - 1 中算得的简正波数目完全相同。

特征频率的平均密度，即在频率 f 每赫兹的特征频率数为

$$\frac{\mathrm{d}N_f}{\mathrm{d}f} = 4\pi V \frac{f^2}{c^3} + \frac{\pi}{2} S \left(\frac{f}{c^2}\right) + \frac{L_z}{2c} \qquad (2-13)$$

等式（2 - 12）不仅适用于矩形水池，也适用于其他任何形状水池。因为任何形状水池都可以看作是由很多小的矩形水池构成。对于每个小矩形水池，由等式（2 - 12）可近似算出特征频率的数量 N_i。既然等式（2 - 12）所求的特征频率数与体积 V 呈

线性关系,总的特征频率数就恰好是所有 N_i 的和。

2.1.2　非刚性边界对简正波的影响

假设水池壁面为不完全刚性界面,边界条件式(2 − 4a)需变为更一般的形式。对于 x 轴方向,有

$$\zeta_x \frac{\mathrm{d}\phi_1}{\mathrm{d}x} = \mathrm{i}k\phi_1 , x = 0$$

$$\zeta_x \frac{\mathrm{d}\phi_1}{\mathrm{d}x} = -\mathrm{i}k\phi_1 , x = L_x \qquad (2-14)$$

这里假设垂直于 x 轴壁面阻抗 ζ_x 是常量;同样假设垂直于 y 轴及 z 轴的壁面阻抗 ζ_y 和 ζ_z 也是常量。

此时,ϕ_1 的通解可写为

$$\phi_1 = C_1 \exp(-\mathrm{i}k_x x) + D_1 \exp(\mathrm{i}k_x x) \qquad (2-15)$$

把式(2 − 15)代入式(2 − 14),我们得到两个有关 C_1 及 D_1 的等式如下:

$$C_1(k + k_x\zeta_x) + D_1(k - k_x\zeta_x) = 0$$

$$C_1(k - k_x\zeta_x)\exp(-\mathrm{i}k_x L_x) + D_1(k + k_x\zeta_x)\exp(\mathrm{i}k_x L_x) = 0 \qquad (2-16)$$

为使式(2 − 16)有非零解,其系数行列式需等于 0,由此可推出以下等式,从中可确定 k_x:

$$\exp(\mathrm{i}k_x L_x) = \pm \frac{k - k_x\zeta_x}{k + k_x\zeta_x} \qquad (2-17\mathrm{a})$$

上式等价于

$$\tan u = \mathrm{i}\frac{2u\zeta_x}{kL_x} \qquad (2-17\mathrm{b})$$

及

$$\tan u = \mathrm{i}\frac{kL_x}{2u\zeta_x} \qquad (2-17\mathrm{c})$$

式中,$u = 0.5k_x L_x$。

既然指定的壁面阻抗一般为复数,$\zeta_x = \xi_x + \mathrm{i}\eta_x$,我们也期望解 k_x 有复数解:

$$k_x = k'_x + \mathrm{i}k''_x$$

一旦知道了 k_x,由式(2 − 16),C_1 与 D_1 的比率就可以确定如下:

$$\frac{C_1}{D_1} = \frac{k - k_x\zeta_x}{k + k_x\zeta_x} = \pm \exp(\mathrm{i}k_x L_x)$$

x 方向的特征函数可表示为

$$\phi_1(x) \rightarrow \begin{cases} \cos[k_x(x - L_x/2)] \ (\text{even}) \\ \sin[k_x(x - L_x/2)] \ (\text{odd}) \end{cases} \qquad (2-18)$$

完全的特征函数由三个这样的因子组成。

这里,我们只讨论两种特殊情况 $|\zeta| \gg 1$,以便和刚性壁面对比。

第一种情况,首先,令壁面的阻抗为纯虚数,即 $\xi_x = 0$。此时,壁面没有能量损失,反射系数的绝对值是 1。式(2 - 17b)的右边是实数,因此 u 和 k_x 也是实数,刚性壁面也是这样。对式(2 - 17b)详细研究发现:k_x 低于或者高于 $n_x \pi / L_x$,这依赖于 η_x 的正负。当 η_x 为正数时,表明壁面有质量特性;当 η_x 为负数时,表明壁面是柔性界面。随着 n_x 的增加,这种差别会变小。如果以 k_{xn_x} 来表示 k_x,特征值等式就变为

$$k_{n_x n_y n_z} = (k_{xn_x}^2 + k_{yn_y}^2 + k_{zn_z}^2)^{1/2} \tag{2 - 19}$$

从上式可知:对于无能量损耗的壁面,即壁面的阻抗为纯虚数,所有的特征值只是偏移了某个量。

第二种情况,我们考虑壁面具有很大的实阻抗。由式(2 - 17)可得到

$$\exp(ik_x' L_x) \exp(-k_x'' L_x) = \pm \frac{k - k_x \xi_x}{k + k_x \xi_x} = 1 - \frac{2k}{k_x \xi_x} \tag{2 - 17d}$$

因为 $\xi_x \gg 1$,所以 $k_x \ll k_x'$。因此等式右边可以用 k_x' 代替 k_x。由式(2 - 17d)可知

$$\exp(-k_x'' L_x) = 1 - k_x'' L_x = 1 - \frac{2k}{k_x' \xi_x}$$

因此

$$k_x'' = \frac{2k}{k_x' L_x \xi_x} \tag{2 - 20}$$

同样可得其他坐标轴下的近似公式。

把 k_x, k_y 及 k_z 的计算值代入式(2 - 19),可得

$$k_{n_x n_y n_z} = [(k_{n_x}' + ik_{n_x}'')^2 + (k_{n_y}' + ik_{n_y}'')^2 + (k_{n_z}' + ik_{n_z}'')^2]^{1/2}$$

$$= k_{n_x n_y n_z}' + i \frac{k_{n_x}' k_{n_x}'' + k_{n_y}' k_{n_x}'' + k_{n_y}' k_{n_x}''}{k_{n_x n_y n_z}'}$$

这里

$$k_{n_x n_y n_z}'^2 = \pi^2 \left[\left(\frac{n_x}{L_x}\right)^2 + \left(\frac{n_y}{L_y}\right)^2 + \left(\frac{2n_z + 1}{2L_z}\right)^2 \right]$$

把式(2 - 20)代入 $k_{n_x n_y n_z}$ 中,可得

$$k_{n_x n_y n_z} = k_{n_x n_y n_z}' + i \frac{2\omega}{ck_{n_x n_y n_z}'} \left(\frac{1}{L_x \xi_x} + \frac{1}{L_y \xi_y} + \frac{1}{L_z \xi_z}\right) \tag{2 - 21}$$

图 2 - 3 展示了某一特征函数与 x 的关系:(a)表示刚性壁面 $\zeta_x = \infty$;(b)表示有质量装载没有能量损失的壁面($\xi_x = 0, \eta_x > 0$);(c)表示纯实阻抗的壁面

（$\xi_x > 0, \eta_x = 0$）。在第二种情况中，节点只是移动了某个量，但是驻波的形状保持不变。相反，第三种有能量损失的壁面，节点的压力幅值发生了变化，但节点的位置变化不大。这很容易理解：因为壁面损耗能量，这得由传播到壁面的声波来提供，因此不可能有纯粹的驻波存在。

实际的非消声水池壁面可近似为纯实阻抗壁面，由于壁面的能量损失，使简正波的幅值变化很大，轴向波及切向波的数量略有变化，但斜向波的数量及频率不变。由于简正波的数量主要取决于斜向波，因此计算简正波数量及波数时仍可以用刚性壁面的结果进行近似。

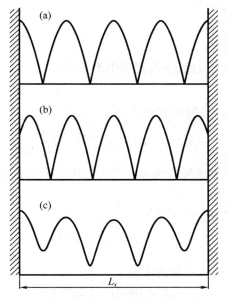

图2-3　一维的简正模态，$n_x = 4$ 时的压力分布

（a）$\zeta_x = \infty$；（b）$\zeta_x = \mathrm{i}$；（c）$\zeta_x = 2$

2.2　矩形非消声水池内的点源声场分析

2.2.1　简正波理论解法

实验所用矩形非消声水池的长、宽、高分别为 L_x, L_y, L_z，如图2-1所示。水池池壁及池底都贴有瓷砖，其相对声导纳 $\beta = \xi - \mathrm{i}\sigma = \rho_0 c_0 / Z$（$\rho_0, c_0, Z$ 分别为水的密度、声波在水中传播的速度及池壁的阻抗），水池的上表面为自由边界，用绝对软边界近似。

水池中点源声场的速度势函数满足波动方程：

$$\nabla^2 \phi(\boldsymbol{r}) + k^2 \phi(\boldsymbol{r}) = -4\pi Q_0 \delta(\boldsymbol{r} - \boldsymbol{r}_0) \qquad (2-22)$$

及边界条件：

$$\frac{\partial \phi}{\partial n}\bigg|_{\Sigma} = \mathrm{i}k\beta\phi \qquad (2-23)$$

与

$$\phi\big|_{z=L_z=0} = 0 \qquad (2-24)$$

式中 $4\pi Q_0$——点源的容积速度；

   $\boldsymbol{r}$——观察点的坐标；

   $\boldsymbol{r}_0$——声源的坐标；

   $\sum$——水池除上表面 $z = L_z$ 外的其余表面；

   $k = \omega/c_0$。

将 $\phi(\boldsymbol{r})$ 及 $\delta(\boldsymbol{r} - \boldsymbol{r}_0)$ 按简正波展开，代入式(2-22)可得

$$\phi(\boldsymbol{r},\boldsymbol{r}_0) = -4\pi Q_0 \sum \frac{\phi_n(\boldsymbol{r}_0)\phi_n(\boldsymbol{r})}{(k^2 - k_n^2)V\Lambda_n} \qquad (2-25)$$

式中 $\phi_n(\boldsymbol{r}), k_n$——矩形水池中第 n 个简正波的本征函数和本征值；

   V——水池的体积；

   Λ_n——本征函数 $\phi_n(\boldsymbol{r})$ 的空间平均值。

$$\Lambda_n = \frac{1}{V} \iiint_V |\phi_n(\boldsymbol{r})|^2 \mathrm{d}V \qquad (2-26)$$

式(2-25)也可以通过格林函数法求得。

在给定边界条件下，可求出水池中声场达到稳态情况下的格林函数 $G(\boldsymbol{r};\boldsymbol{r}_0)$。格林函数 $G(\boldsymbol{r};\boldsymbol{r}_0)$ 表征单位点源激发所形成声场的波函数。

格林函数 $G(\boldsymbol{r};\boldsymbol{r}_0)$ 应满足如下波动方程：

$$\nabla^2 G(\boldsymbol{r};\boldsymbol{r}_0) + k^2 G(\boldsymbol{r};\boldsymbol{r}_0) = -4\pi\delta(\boldsymbol{r} - \boldsymbol{r}_0) \qquad (2-27)$$

矩形非消声水池在指向性声源的激发下将出现简正波。本征函数是齐次波动方程在给定边界条件下的解，本征函数 ϕ_n 满足以下方程：

$$\nabla^2 \phi_n + k_n^2 \phi_n = 0, n = 1, 2, 3, \cdots, \infty \qquad (2-28)$$

整个水池内，本征函数满足正交性，因此

$$\iiint_V \phi_n^* \phi_m \mathrm{d}V = \delta_{nm} = \begin{cases} 0, m \neq n \\ 1, m = n \end{cases} \qquad (2-29)$$

若以本征函数 ϕ_n 表示混响声格林函数 $G(\boldsymbol{r};\boldsymbol{r}_0)$，则格林函数 $G(\boldsymbol{r};\boldsymbol{r}_0)$ 也满足

给定边界条件。把格林函数 $G(\boldsymbol{r};\boldsymbol{r}_0)$ 表示为

$$G(\boldsymbol{r};\boldsymbol{r}_0) = \sum_n A_n \phi_n(\boldsymbol{r}) \qquad (2-30)$$

将式(2-30)代入式(2-29),并考虑本征函数 ϕ_n 满足式(2-27),得

$$\sum_n A_n(k^2 - k_n^2)\phi_n(\boldsymbol{r}) = -4\pi\delta(\boldsymbol{r} - \boldsymbol{r}_0) \qquad (2-31)$$

将式(2-31)两边乘上 $\phi_n(\boldsymbol{r})$ 的共轭函数 $\phi_n^*(\boldsymbol{r})$,并在给定的区域 V 上积分,得

$$A_n = -\frac{4\pi\phi_n^*(\boldsymbol{r}_0)}{(k^2 - k_n^2)V\Lambda_n} \qquad (2-32)$$

将式(2-32)代入式(2-30),可得

$$G(\boldsymbol{r};\boldsymbol{r}_0) = -4\pi \sum_n \frac{\phi_n^*(\boldsymbol{r}_0)\phi_n(\boldsymbol{r})}{(k^2 - k_n^2)V\Lambda_n} \qquad (2-33)$$

考虑点源的强度即得式(2-25)。

由于水池壁面及内部介质均存在吸收,因此 k_n 一般为复数。文献[78]将 k_n 表示为如下的复数形式:

$$k_n = \frac{\omega_n}{c_0} + \mathrm{i}\frac{\delta_n}{c_0} \qquad (2-34)$$

并且 $\delta_n \ll \omega_n$,故有

$$k_n^2 = \frac{\omega_n^2}{c_0^2} + \frac{2\mathrm{i}\delta_n\omega_n}{c_0^2} \qquad (2-35)$$

式中,δ_n 为声能的衰变率。把式(2-35)代入到式(2-25)可得

$$\phi(\boldsymbol{r},\boldsymbol{r}_0) = 4\pi Q_0 c_0^2 \sum_n \frac{\phi_n(\boldsymbol{r}_0)\phi_n(\boldsymbol{r})}{[2\mathrm{i}\delta_n\omega_n + (\omega_n^2 - \omega^2)]V\Lambda_n}\mathrm{e}^{-\mathrm{i}\omega t} \qquad (2-36)$$

水池内任一点处声压的表达式为

$$p(\boldsymbol{r},\boldsymbol{r}_0) = -\mathrm{i}\rho_0\omega\phi(\boldsymbol{r},\boldsymbol{r}_0) = \frac{-4\pi\rho_0 Q_0 c_0^2}{V}\sum_n \frac{\omega}{\Lambda_n}\frac{\phi_n(\boldsymbol{r}_0)\phi_n(\boldsymbol{r})}{[2\omega_n\delta_n + \mathrm{i}(\omega^2 - \omega_n^2)]}\mathrm{e}^{-\mathrm{i}\omega t}$$

$$(2-37)$$

由式(2-37),可求得均方声压 $p^2(\boldsymbol{r},\boldsymbol{r}_0)$(有效值)如下:

$$p^2(\boldsymbol{r},\boldsymbol{r}_0) = \frac{1}{2}|p(\boldsymbol{r},\boldsymbol{r}_0)|^2 = \frac{(4\pi\rho_0 Q_0 c_0^2)^2}{2V^2}\Big\{ \sum_n \frac{\omega^2}{\Lambda_n^2}\frac{\phi_n^2(\boldsymbol{r}_0)\phi_n^2(\boldsymbol{r})}{(2\omega_n\delta_n)^2 + (\omega^2 - \omega_n^2)^2} +$$

$$\sum_n\sum_{\substack{m \\ m\neq n}} \frac{\omega^2}{\Lambda_n^2}\frac{\phi_n(\boldsymbol{r}_0)\phi_n(\boldsymbol{r})\phi_m^*(\boldsymbol{r}_0)\phi_m^*(\boldsymbol{r})}{[2\omega_n\delta_n + \mathrm{i}(\omega^2 - \omega_n^2)][2\omega_m\delta_m + \mathrm{i}(\omega^2 - \omega_m^2)]}\Big\}$$

$$(2-38)$$

对式(2-38)进行空间平均,并利用简正波的正交性可得

$$\langle p^2(\boldsymbol{r}_0) \rangle = \frac{1}{V} \iiint_V p^2(\boldsymbol{r}, \boldsymbol{r}_0) \, \mathrm{d}V = \frac{1}{2} \frac{(4\pi\rho_0 Q_0 c_0^2)^2}{V^2} \sum_n \frac{\omega^2}{\Lambda_n} \frac{\phi_n^2(\boldsymbol{r}_0)}{(2\omega_n \delta_n)^2 + (\omega^2 - \omega_n^2)^2} \tag{2-39}$$

当声源频率 $f \geqslant f_s$（这里 f_s 为非消声水池 Schroeder 截止频率）时，每个共振频率的半功率带宽 $\Delta\omega$ 内至少包含三个简正波，在此带宽 $\Delta\omega$ 内，激励 Q_0^2 可以以其功率谱密度 $Q_0^2/\Delta\omega$ 表示，声场响应可以表示为 $\Delta\omega$ 带宽的积分，此时的均方声压为

$$\langle p^2(\boldsymbol{r}_0) \rangle = \frac{8\pi^2 \rho_0^2 c_0^4 Q_0^2}{V^2 \Delta\omega} \sum_n \int_{\Delta\omega} \frac{\phi_n^2(\boldsymbol{r}_0)}{\Lambda_n} \frac{\omega^2 \mathrm{d}\omega}{(2\omega_n \delta_n)^2 + (\omega^2 - \omega_n^2)^2} \tag{2-40}$$

而

$$\frac{1}{\Delta\omega} \int_{\Delta\omega} \frac{\omega^2 \mathrm{d}\omega}{(2\omega_n \delta_n)^2 + (\omega^2 - \omega_n^2)^2} = \frac{1}{\Delta\omega} \cdot \frac{\pi}{2} \cdot \frac{1}{2\delta_n} \tag{2-41}$$

随着频率的增加，水池中的模态数按频率的三次方增长，每个模态都有其特定的衰减常数。在高频情况下，可以只考虑斜向波，所有模态的衰减常数可以认为是相等的，即

$$\delta_n \approx \delta_0 \tag{2-42}$$

此时，衰减常数 δ_0 可以表示为[78]

$$\delta_0 = \frac{c_0 S \overline{\alpha}}{8V} \tag{2-43}$$

若只考虑斜向波，则

$$\Delta\omega = 2\pi\Delta f = 2\pi \cdot \frac{c_0^3}{4\pi V f^2} \Delta N = \frac{2\pi^2 c_0^3}{V\omega^2} \Delta N \tag{2-44}$$

式中 S——水池壁面的面积；

$\overline{\alpha}$——壁面的平均吸收系数。

把式（2-41）、式（2-43）及式（2-44）代入式（2-40）可得

$$\langle p^2(\boldsymbol{r}_0) \rangle = \frac{8\pi\rho_0^2 Q_0^2 \omega^2}{S \overline{\alpha} \Delta N} \sum_n \frac{\phi_n^2(\boldsymbol{r}_0)}{\Lambda_n} \tag{2-45}$$

对声源也进行空间平均，则

$$\langle p^2 \rangle = \frac{8\pi\rho_0^2 Q_0^2 \omega^2}{S \overline{\alpha}} \tag{2-46}$$

容积速度为 $4\pi Q_0$ 的点源辐射声功率为

$$W_0 = \frac{2\pi\rho_0 Q_0^2 \omega^2}{c_0} \tag{2-47}$$

因此，可得

$$\langle p^2 \rangle = \frac{4\rho_0 c_0 W_0}{S \bar{\alpha}} \qquad (2-48)$$

式（2-48）只适用于 $\bar{\alpha}$ 较小的混响声场。对水下非消声水池，$\bar{\alpha}$ 较大，式（2-48）并不准确，马大猷[82]对式（2-48）修正后的结果为

$$\langle P^2 \rangle = \frac{4\rho_0 c_0 W_0}{R_0} \qquad (2-49)$$

其中

$$R_0 = \frac{S \bar{\alpha}}{1 - \bar{\alpha}} \qquad (2-50)$$

R_0 称为非消声水池常数，单位为 m^2。从式（2-40）知：非消声水池常数 R_0 与非消声水池壁面的平均吸声系数 $\bar{\alpha}$ 有关，$\bar{\alpha}$ 越大，R_0 就越大。

式（2-49）就是非消声水池中测量的离声源较远处的空间平均均方声压与点源的辐射声功率之间的关系。

2.2.2　统计声学解法

当声源辐射时，室内声能由两部分组成：一是直达声能，它是声波受到第一次反射以前的声能；另一是混响声能，它包括经第一次反射以后的所有声波能量叠加。当声源开始稳定地辐射声波时，直达声能的一部分被壁面与媒质所吸收。另一部分就用来不断增加室内混响声场的平均能量密度，所以声源开始发声后的一段时间内，房间的总平均声能密度是随混响平均声能密度的增长而不断增长的。混响平均声能密度越大，被壁面与媒质吸收得就越多，最后由声源每秒钟提供给混响声场的能量将正好补偿被壁面与媒质所吸收的能量，室内混响声平均能量密度达到动态平衡，这一平均能量密度称为稳态混响平均声能密度。设声源的平均辐射功率为 $\overline{W}$，根据文献[98]，可得到稳态混响平均声能密度 $\bar{\varepsilon}_R$ 为

$$\bar{\varepsilon}_R = \frac{4\overline{W}}{R_0 c_0} \qquad (2-51)$$

从式（2-51）看到，稳态混响平均声能密度与声源平均辐射功率成正比，与房间常数成反比。

非消声水池内平均辐射功率为 $\overline{W}$ 的无指向性声源在空间产生的直达声的平均声能密度为 $\bar{\varepsilon}_D$。由于直达声与混响声是不相干的，则它们在空间的叠加应表现为它们的能量密度相加，这时室内叠加声场的总平均能量密度应为[98]

$$\bar{\varepsilon} = \bar{\varepsilon}_D + \bar{\varepsilon}_R \qquad (2-52)$$

由于声源是无指向性的，它在空间的辐射应是一均匀的球面波，其平均能量密

度可表示成 $\overline{\varepsilon}_D = \overline{W}/(4\pi r^2 c_0)$，其中 r 为接收点离声源的径向距离。将该式与式 $(2-51)$ 一并代入式 $(2-52)$，并考虑到 $\overline{\varepsilon} = \langle p^2 \rangle/(\rho_0 c_0^2)$，可得

$$\langle p^2 \rangle = \overline{W}\rho_0 c_0 \left(\frac{1}{4\pi r^2} + \frac{4}{R_0} \right) \qquad (2-53)$$

式 $(2-53)$ 中前一项表示直达声的贡献，后一项表示混响声的贡献。

上式也可以写为

$$L_P = L_W + 10\lg \left(\frac{1}{4\pi r^2} + \frac{4}{R_0} \right) \qquad (2-54)$$

式中　L_P（dBre1 μPa）——混响声场内所测空间平均声压级；

　　　L_W（dBre0.67×10⁻¹⁸W）——声源的声功率级。

上式可以画出一系列 $L_P - L_W$ 关于 r 及 R_0 的曲线，如图 $2-4$ 所示。

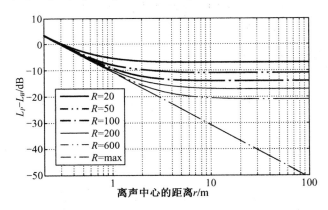

图 2-4　$L_P - L_W$ 关于 r 及 R_0 的曲线

若取 $1/(4\pi r^2) = 4/R_0$，从此确定一临界距离

$$r = r_h = \frac{1}{4}\sqrt{\frac{R_0}{\pi}} \qquad (2-55)$$

在此距离上，直达声与混响声的大小相等。当 $r > r_h$ 时，混响声起主要作用；而当 $r < r_h$ 时，直达声起主要作用。临界距离 r_h 与非消声水池常数 R_0 的平方根成正比，如果 R_0 相当小，那么非消声水池中大部分区域是混响声场；反之 R_0 相当大，那么非消声水池中大部分区域是直达声场。

由此可见，非消声水池常数 R_0 是描述非消声水池声学特性的一个重要的参量。

当 $r > 2r_h$ 时，混响声比直达声大 6 dB，直达声的作用可忽略，定义此区域为混

响控制区。在混响控制区,式(2-53)可简化为

$$\langle p^2 \rangle = \overline{W} \rho_0 c_0 \left(\frac{4}{R_0} \right) \tag{2-56}$$

当 $f \geqslant f_\mathrm{S}$ 时,根据文献[63],可得

$$\overline{W} \approx W_0 \tag{2-57}$$

因此

$$\langle p^2 \rangle = W_0 \rho_0 c_0 \left(\frac{4}{R_0} \right) \tag{2-58}$$

式(2-58)与式(2-49)完全一致,说明按简正波理论得到的离声源较远处的空间平均均方声压表达式与统计声学得到的一致。

2.3　矩形非消声水池内复杂声源的声场分析

水下复杂声源是指具有复杂结构、声源种类及数量众多且具有指向性的水下声源。根据声场叠加原理,任意复杂声源均可分解为若干简单声源之和。为不失一般性,以指向性声源作为研究对象,因为指向性声源比点源等简单声源复杂,比任意复杂声源简单,而且通过指向性函数叠加,可以构造任意结构、任意频率复杂声源。水下复杂声源可以看作是具有指向性的多个声源的叠加,因此若可分析矩形非消声水池内指向性声源的声场及其叠加性,便可分析矩形非消声水池内复杂声源的声场。

2.3.1　矩形非消声水池内指向性声源的声场分析

对于指向性声源来说,若以 $Q(\theta,\phi)$ 表示指向性因素,Q 的定义为:离声源中心某一位置上(一般常指远场)的声压平方与同样功率的无指向性声源在同一位置产生的声压的平方的比值。则指向性声源引起的直达声声压 p_D(有效值)的平方为

$$p_\mathrm{D}^2 = \frac{Q \overline{W}}{4\pi r^2} \rho_0 c_0 \tag{2-59}$$

直达声的平均声能密度为

$$\overline{\varepsilon}_\mathrm{D} = \frac{Q \overline{W}}{4\pi r^2 c_0} \tag{2-60}$$

混响声场的总平均声能密度为

$$\overline{\varepsilon} = \overline{\varepsilon}_\mathrm{D} + \overline{\varepsilon}_\mathrm{R} = \langle p^2 \rangle / (\rho_0 c_0^2) \tag{2-61}$$

综合式(2-49)、式(2-60)及式(2-61),可得

$$\langle p^2 \rangle = \overline{W} \rho_0 c_0 \left(\frac{Q}{4\pi r^2} + \frac{4}{R_0} \right) \tag{2-62}$$

此时的混响半径为

$$r_{\mathrm{h}} = \frac{1}{4} \left(\frac{QR_0}{\pi} \right)^{\frac{1}{2}} \tag{2-63}$$

当 $r > 2r_{\mathrm{h}}$ 时,直达声的影响可忽略,式(2-62)可简化为

$$\langle p^2 \rangle = \overline{W} \rho_0 c_0 \left(\frac{4}{R_0} \right) \tag{2-64}$$

若 $f \geqslant f_{\mathrm{s}}$,则式(2-64)可写为

$$\langle p^2 \rangle = W_0 \rho_0 c_0 \left(\frac{4}{R_0} \right) \tag{2-65}$$

由式(2-62)及式(2-63)可知:指向性对直达声有影响,使混响半径发生变化,若声源至测点的方向(矢径 $r_0 r$ 的方向)为 $|Q(\theta,\phi)|$ 最大值的方向,则混响半径最大($r_{\mathrm{h}}(\theta,\phi) > r_{\mathrm{h0}}$,$r_{\mathrm{h0}}$ 与指向性声源等效的无指向性声源的混响半径),混响控制区变小;若声源至测点的方向为 $|Q(\theta,\phi)|$ 最小值方向,则混响半径变小($r_{\mathrm{h}}(\theta,\phi) < r_{\mathrm{h0}}$),混响控制区变大。实际测量中为使测量混响控制区变大,可选择平均混响半径最小的方向进行测量。当在混响控制区(测点距声源中心的距离 $r > 2r_{\mathrm{h}}$)测量时,直达声的影响可忽略。比较式(2-65)及式(2-49)可知:通过混响法可测量指向性声源的等效辐射声功率。

偶极子声源的 $Q(\theta,\phi) = 3\cos^2\theta$,则当声源至水听器的方向为最大指向性方向时,此时偶极子声源的混响半径最大(大于 r_{h0}),此时的平均混响半径也较大,混响控制区变小;但若声源至水听器的方向为垂直于最大指向性方向时,此时偶极子声源的平均混响半径最小,混响控制区变大,测量时应选择这样的方向,如图2-5所示。

2.3.2 非消声水池中多个声源的声场分析

若非消声水池中有 n 个集中在一个有限区域内的独立声源,该区域远小于非消声水池的体积,其辐射声功率分别为 $W_1, W_2, W_3, \cdots, W_n$,则 n 个声源的辐射总功率为 $W = W_1 + W_2 + W_3 + \cdots + W_n$。因此,混响声场的总平均稳态混响声能密度为

$$\overline{\varepsilon}_{\mathrm{R}} = \sum_{i=1}^{n} \frac{4W_i}{R_0 c_0} = \frac{4W}{R_0 c_0} \tag{2-66}$$

非消声水池中的声场可看作是直达声与混响声的叠加。直达声的平均声能密度可表示为

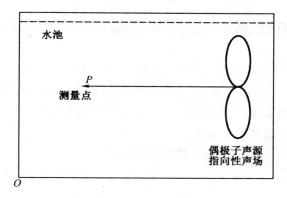

图 2 – 5   非消声水池中偶极子声源布置

$$\overline{\varepsilon}_{\mathrm{D}} = \sum_{i=1}^{n} \frac{Q_i W_i}{4\pi r_i^2 c_0} \qquad (2-67)$$

式中 Q_i——第 i 个声源的指向性因素(偶极子声源 $Q_i = 3\cos^2\theta$);

r_i——水听器离第 i 个声源的径向距离。

非消声水池的总能量密度 $\overline{\varepsilon}$ 应满足

$$\overline{\varepsilon} = \overline{\varepsilon}_{\mathrm{D}} + \overline{\varepsilon}_{\mathrm{R}} \qquad (2-68)$$

若混响声场达到稳态时测量的空间平均均方声压为 $\langle p^2 \rangle$(有效值),则混响声场中的总平均声能密度还可以表示为

$$\overline{\varepsilon} = \frac{\langle p^2 \rangle}{\rho_0 c_0^2} \qquad (2-69)$$

把式(2 – 66)、式(2 – 67)及式(2 – 69)代入式(2 – 68),可得

$$\langle p^2 \rangle = \rho_0 c_0 \left(\frac{4W}{R_0} + \sum_{i=1}^{n} \frac{Q_i W_i}{4\pi r_i^2} \right) \qquad (2-70)$$

式中,前一项表示混响声场的作用,后一项表示直达声的作用。

当测量点在混响声场的混响控制区($r > \max(4r_{hi})$,r_{hi} 为每个声源的混响半径)时,由于 n 个声源集中在一个有限区域内,该区域远小于非消声水池的体积,所以直达声可忽略。因此

$$\langle p^2 \rangle = \rho_0 c_0 \left(\frac{4W}{R_0} \right) \qquad (2-71)$$

与式(2 – 49)比较可以发现:式(2 – 71)测量的是 n 个独立声源的总声功率 W。

2.4　矩形非消声水池声源辐射声功率的低频校正

根据 2.2.1 节，当测量频率 $f \geqslant f_S$（这里 f_S 为 Schroeder 频率）时，混响声场满足扩散场条件，在非消声水池中按式（2-49）通过测量空间平均均方声压 $\langle p^2 \rangle$ 可测量声源的辐射声功率 W_0。当测量的频率 $f < f_S$ 时，混响声场虽不满足扩散场条件，但只要在一个共振的平均半功率带宽内有一个正波，通过基于稳态平均声能密度的大范围空间平均仍可以测量声源的辐射声功率，只是受边界干涉模式影响，式（2-49）不一定成立。

2.4.1　简单声源在混响声场中的总辐射阻及辐射声功率

1. 自由场中的简单声源

考虑半径为 a（与波长 λ 相比很小），强度为 $4\pi Q_0 \exp(j\omega t)$ 的球形声源的辐射。在该球形声源的表面，声压及振速分别为

$$p = [j\rho f 4\pi Q_0 / 2a(1 + jka)] \exp(j\omega t) \qquad (2-72)$$

$$v = (4\pi Q_0 / 4\pi a^2) \exp(j\omega t) \qquad (2-73)$$

其辐射声功率为

$$W_0 = \overline{pv} \cdot 4\pi a^2 = \pi\rho f^2 (4\pi Q_0)^2 / 2c_0 \qquad (2-74)$$

每单位面积的声阻抗为

$$Z_r = p/v = \rho_0 c_0 (jka)/(1 + jka) = \rho_0 c_0 (jka + k^2 a^2) \qquad (2-75)$$

假设 $ka \ll 1$，$k = \omega/c_0 = 2\pi/\lambda$，则辐射声功率 W_0 也可以写为

$$W_0 = \overline{v}^2 R_r 4\pi a^2 \qquad (2-76)$$

这里 $R_r = \rho_0 c_0 k^2 a^2$ 为 Z_r 的实部。

2. 混响声场中的简单声源

根据文献[62]，尺度为 $L_x \times L_y \times L_z$ 的矩形非消声水池 $r_0(x_0, y_0, z_0)$ 处的强度为 $4\pi Q_0$ 的点源在点 $r(x, y, z)$ 产生的声压为

$$p(\boldsymbol{r}, \boldsymbol{r}_0) = \rho_0 c_0^2 \sum_n \left(\frac{4\pi Q_0 \omega}{V\Lambda_n}\right) \frac{\phi_n(\boldsymbol{r})\phi_n(\boldsymbol{r}_0)}{2\omega_n \delta_n + j(\omega^2 - \omega_n^2)} \qquad (2-77)$$

令 $\boldsymbol{r} \equiv \boldsymbol{r}_0$，可得源表面的声压如下：

$$p(\boldsymbol{r}_0) = \rho_0 c_0^2 \left[\sum_n \frac{4\pi Q_0 \omega \phi_n^2(\boldsymbol{r}_0)/V\Lambda_n}{2\omega_n \delta_n + j(\omega^2 - \omega_n^2)}\right] \qquad (2-78)$$

单极子声源在非消声水池中每单位面积的声阻抗为

$$Z_r = \frac{p(\boldsymbol{r}_0)}{4\pi Q_0 \exp(\mathrm{j}\omega t)/4\pi a^2} = 4\pi a^2 \rho_0 c_0^2 \sum_n \frac{\omega \phi_n^2(\boldsymbol{r}_0)/V\Lambda_n}{2\omega_n \delta_n + \mathrm{j}(\omega^2 - \omega_n^2)} \quad (2-79)$$

此为声源发射正弦信号时的辐射阻抗。把此公式应用于窄带 $\Delta\omega$ 情况,激励 Q^2 就由其功率谱密度 $Q^2/\Delta\omega$ 代替,响应就为频带 $\Delta\omega$ 内的积分,因此上式可简化为

$$Z_r = 4\pi a^2 \rho_0 c_0^2 \frac{1}{V\Delta\omega} \sum_n \frac{\phi_n^2(\boldsymbol{r}_0)}{\Lambda_n} \quad (2-80)$$

我们知道函数 $\phi_n^2(\boldsymbol{r}_0)/\Lambda_n$ 对所有模态的空间平均值为 1,其求和就是 Δf 内简正模态的总数。根据式(2-12),可得

$$\Delta N = \left(\frac{4\pi V f^2}{c_0^3} + \frac{\pi S f}{2c_0^2} + \frac{L_z}{2c_0} \right) \Delta f \quad (2-81)$$

在整个非消声水池内对式(2-80)进行空间平均,可得

$$\langle Z_r \rangle_{\text{tot}} = \langle R_r \rangle_{\text{tot}} \approx \frac{4\pi^2 \rho_0 f^2 a^2}{c_0} \left(1 + \frac{Sc}{8Vf} \right) = \rho_0 c_0 (ka)^2 \left(1 + \frac{S\lambda}{8V} \right) \quad (2-82)$$

因此

$$\langle R_r \rangle_{\text{tot}} = \rho_0 c_0 (ka)^2 \left(1 + \frac{S\lambda}{8V} \right) \quad (2-83)$$

式中,$\langle \ \rangle_{\text{tot}}$ 表示整个混响声场的空间平均。

由此可见,声源在混响声场中辐射阻的整个混响声场空间平均值 $\langle R_r \rangle_{\text{tot}}$ 与自由场的辐射阻 R_r 并不相同;只有在高频($f \geqslant f_S$)时,两者才近似相等。

由于

$$\frac{\langle W \rangle_{\text{tot}}}{W_0} = \frac{\langle R_r \rangle_{\text{tot}}}{R_0} \quad (2-84)$$

因此

$$\langle W \rangle_{\text{tot}} = W_0 \left(1 + \frac{S\lambda}{8V} \right) \quad (2-85)$$

即低频($f \leqslant f_S$)情况下,由于非消声水池辐射阻的变化,按混响法测量的整个非消声水池空间总平均声功率 $\langle W \rangle_{\text{tot}}$ 并不等于其自由场测量值 W_0。

2.4.2　混响声场中低频声源的辐射声功率

虽然在非消声水池中根据所有位置空间平均得到的总辐射声功率 $\langle W \rangle_{\text{tot}}$ 可求得自由场的辐射声功率 W_0。但实际应用中,对所有位置进行空间平均是不现实的,我们是通过有限数量空间位置的平均 $\langle W \rangle$ 得到声源的辐射声功率 W_0 的。G. C. Mailing[86] 得出:在刚性边界情况下,当测量的频率较低($f \leqslant f_S$)且壁面的导纳

$\beta \geqslant 0.02$ 时，采用混响法测量的声源辐射声功率 $\langle W \rangle$ 比自由场测量的辐射声功率 W_0 小 $2 \sim 3$ dB。Lang 和 Nordby[109] 的测量也表明：刚性边界低频时，宽带声源的辐射声功率低于其自由场测量的辐射声功率。实际测量时，我们只是在非消声水池中部有限区域进行空间平均，并不可能对整个非消声水池进行空间平均。而低频时由于非消声水池边界的影响，通过空间平均测量的中部区域声源辐射声功率 $\langle W \rangle$ 并不等于声源的辐射声功率 W_0，需要对此进行校正。

1. Waterhouse 校正

（1）刚性边界

刚性壁面情况下，Waterhouse[49] 已论证：在混响声场的反射边界处存在干涉模式。这些干涉模式是由于在刚性边界面上平面波的相位随机性被打破所致。

根据 Waterhouse 的推导，在刚性角处均方声压 $< p_r^2 >$ 与离角较远处的均方声压 $< p_i^2 >$ 的平方可表示为

$$\frac{\langle p_r^2 \rangle}{\langle p_i^2 \rangle} = 1 + j_0(2kx) + j_0(2ky) + j_0(2kz) + j_0(2k\rho_1) + j_0(2k\rho_2) + j_0(2k\rho_3) + j_0(2kr)$$

$$(2-86)$$

这里 $j_0(a) = \sin(a)/a$ 为球面 Bessel 函数；ρ_1, ρ_2 及 ρ_3 为点 (x, y, z) 到边的距离；r 为该点到角的距离。式中第一项 1 可以看作是入射声波的作用；前三项 Bessel 函数表示入射波及墙镜面波共同作用下的干涉模式；后三项 Bessel 函数表示入射波及边镜面波共同作用下的干涉模式；最后一项 Bessel 函数表示入射波及角镜面波的叠加。

为了得到此干涉模式下的势能，根据文献[49]，我们需对 $\langle p_r^2 \rangle$ 沿整个水池积分。对 6 个壁面、12 个边和 8 个角的平均势能求和，得

$$E_{\text{pattern}} = \frac{\lambda}{8} S + \frac{\lambda^2}{32\pi} L \qquad (2-87)$$

式中　S——水池壁面面积，$S = 2(L_x L_y + L_x L_z + L_y L_z)$；

　　　　L——水池所有边的和，$L = 4(L_x + L_y + L_z)$。

因此，整个水池的能量与中心区域测量的能量之比为

$$R_{w-r} = \frac{\lambda S/8 + \lambda^2 L(32\pi) + abc}{abc} \approx 1 + \frac{S\lambda}{8V} \qquad (2-88)$$

这就是 Waterhouse 校正因子。

S. Uosukainen[110] 指出：Waterhouse 校正类似于模态密度中使用的校正因子。模态密度 dN/df 可表示为水池体积的函数如下：

$$\frac{dN}{df} = \frac{4\pi f^2 V}{c^3}\left(1 + \frac{S\lambda}{8V} + \frac{L\lambda^2}{8\pi V}\right) \approx \frac{4\pi f^2 V}{c^3}\left(1 + \frac{S\lambda}{8V}\right) \qquad (2-89)$$

因为低频情况下轴向及切向模态最重要,为精确估计平均声压级,我们需考虑完全的 Waterhouse 校正以反映此声场的干涉模式。

校正后的声源辐射声功率为

$$W_0 \approx \langle W \rangle_{\text{tot}} = \langle p^2 \rangle_{\text{tot}} \frac{R_0}{4\rho_0 c_0} = \langle p^2 \rangle \frac{R_0}{4\rho_0 c_0}\left(1 + \frac{S\lambda}{8V}\right) = \langle p^2 \rangle \frac{R_0}{4\rho_0 c_0}R_{\text{w}-\text{r}}$$

$$(2-90)$$

式中　$\langle p^2 \rangle_{\text{tot}}$——整个水池的空间平均均方声压;

　　　$\langle p^2 \rangle$——水池中心区域的局部空间平均均方声压。

国家标准 3741 即根据式(2 - 90)。

(2)非刚性边界

非刚性壁面情况下,混响声场壁面的入射波部分被墙面吸收,部分被墙面反射。反射波声压 p_{ref} 与入射波声压 p_{inc} 的比可表示为

$$\frac{p_{\text{ref}}}{p_{\text{inc}}} = \sqrt{1 - \overline{\alpha}}$$

$$(2-91)$$

如果考虑的干涉模式是由入射波与其墙面的反射部分构成,将得到与 $\overline{\alpha}$ 有关且低于刚性边界的能量校正因子。

只有墙、端和角的干涉模式对混响声场的平均能量有贡献。考虑墙面的吸收,弹性边界附近的声压级由一个入射波和其反射波的线性组合构成,即

$$\begin{aligned} p = \mathrm{e}^{i\omega t}\big[\, &\mathrm{e}^{-i(l+m+n)} + \sqrt{1-\alpha}\cdot(\mathrm{e}^{-i(-l+m+n)} + \mathrm{e}^{-i(l-m+n)} + \mathrm{e}^{-i(l+m-n)}) + \\ &(1-\alpha)\cdot(\mathrm{e}^{-i(-l-m+n)} + \mathrm{e}^{-i(-l+m-n)} + \mathrm{e}^{-i(l-m-n)}) + \\ &(1-\alpha)^{3/2}\cdot\mathrm{e}^{-i(-l-m-n)}\,\big] \end{aligned}$$

$$(2-92)$$

式中,$l = kx\cos\theta$;$m = ky\sin\theta\cos\phi$;$n = kz\sin\theta\sin\phi$。

在极坐标系统中,r 为一固定相位平面离原点的距离,$r = x\cos\theta + y\sin\theta\cos\phi + z\sin\theta\sin\phi$。

均方声压的时间平均 $\langle p^2 \rangle$ 为

$$\begin{aligned} \langle p^2 \rangle =\ &\frac{1}{2}(p \cdot p*) \\ =\ &\frac{1}{2}\cdot[\,1 + 3(1-\alpha) + 3(1-\alpha)^2 + (1-\alpha)^3\,] + \\ &[\,\sqrt{1-\alpha} + 2(1-\alpha)^{3/2} + (1-\alpha)^{5/3}\,]\cdot[\,\cos(2l) + \cos(2m) + \\ &\cos(2n)\,] + 2[\,(1-\alpha) + (1-\alpha)^2\,]\cdot[\,\cos(2l)\cos(2m) + \\ &\cos(2l)\cos(2n) + \cos(2m)\cos(2n)\,] + \\ &4(1-\alpha)^{3/2}\cos(2l)\cos(2m)(2n) \end{aligned}$$

(2 - 93)

混响声场中,声波从不同方向入射,对其进行空间平均,则

$$\langle p_r^2 \rangle = \frac{2}{\pi} \int_0^{\pi/2} \int_0^{\pi/2} \langle p^2 \rangle \sin\theta \mathrm{d}\phi \mathrm{d}\theta$$

$$= \frac{1}{2} \cdot [1 + 3(1-\alpha) + 3(1-\alpha)^2 + (1-\alpha)^3] +$$

$$[\sqrt{1-\alpha} + 2(1-\alpha)^{3/2} + (1-\alpha)^{5/3}] \cdot [j_0(2kx) + j_0(2ky) +$$

$$j_0(2kz)] + 2[(1-\alpha) + (1-\alpha)^2] \cdot [j_0(2k\rho_1) + j_0(2k\rho_2) +$$

$$j_0(2k\rho_3)] + 4(1-\alpha)^{3/2} \cdot j_0(2kr)$$

(2 - 94)

这里 $\rho_1^2 = y^2 + z^2, \rho_2^2 = x^2 + z^2, \rho_3^2 = x^2 + y^2$,且 $r^2 = x^2 + y^2 + z^2$。

为了对式(2 - 94)中的均方声压进行归一化(相对于入射波的均方声压),将式(2 - 94)除以4(因为该入射波引起4个反射波),得

$$\frac{\langle p_r^2 \rangle}{4} \approx \frac{1}{8} \cdot [1 + 3(1-\bar{\alpha}) + 3(1-\bar{\alpha})^2 + (1-\bar{\alpha})^3] + \frac{1}{4}[\sqrt{1-\bar{\alpha}} +$$

$$2(1-\bar{\alpha})^{3/2} + (1-\bar{\alpha})^{5/2}]\frac{S\lambda}{8V}$$

(2 - 95)

即非刚性壁面的校正因子为

$$R_{w-n} \approx \frac{1}{8}[1 + 3(1-\bar{\alpha}) + 3(1-\bar{\alpha})^2 + (1-\bar{\alpha})^3] + \frac{1}{4}[\sqrt{1-\bar{\alpha}} +$$

$$2(1-\bar{\alpha})^{3/2} + (1-\bar{\alpha})^{5/2}]\frac{S\lambda}{8V}$$

(2 - 96)

因此,非刚性壁面校正后的声源辐射声功率为

$$W_0 = \langle p^2 \rangle \frac{R_0}{4\rho_0 c_0} R_{w-n}$$

(2 - 97)

2. 考虑边界影响的低频统计平均校正

(1)绝对软边界

绝对软边界情况下,也可以推出点源作用下混响声场声压的均方值为

$$p^2(r, r_0) = \frac{(4\pi\rho_0 Q_0 c_0^2)^2}{2V^2} \left\{ \sum_n \frac{\omega^2}{\Lambda_n^2} \frac{\phi_n^2(r_0)\phi_n^2(r)}{(2\omega_n\delta_n)^2 + (\omega^2 - \omega_n^2)^2} + \right.$$

$$\left. \sum_n \sum_{\substack{m \\ m \neq n}} \frac{\omega^2}{\Lambda_n^2} \frac{\phi_n(r_0)\phi_n(r)\phi_m^*(r_0)\phi_m^*(r)}{[2\omega_n\delta_n + i(\omega^2 - \omega_n^2)][2\omega_m\delta_m + i(\omega^2 - \omega_m^2)]} \right\}$$

(2 - 98)

若窄带信号的带宽为 $\Delta\omega$，激励 $(4\pi Q_0)^2$ 可以以其功率谱密度 $(4\pi Q_0)^2/\Delta\omega$ 表示，声场响应可以表示为 $\Delta\omega$ 带宽的积分，此时的均方声压为

$$p^2(\boldsymbol{r},\boldsymbol{r}_0)=\frac{(4\pi\rho_0 Q_0 c_0^2)^2}{2V^2\Delta\omega}\int_{\Delta\omega}\left\{\sum_n\frac{\omega^2}{\Lambda_n^2}\frac{\phi_n^2(\boldsymbol{r}_0)\phi_n^2(\boldsymbol{r})}{(2\omega_n\delta_n)^2+(\omega^2-\omega_n^2)^2}\mathrm{d}\omega+\right.$$

$$\left.\sum_n\sum_{m\neq n}\frac{\omega^2}{\Lambda_n^2}\frac{\phi_n(\boldsymbol{r}_0)\phi_n(\boldsymbol{r})\phi_m^*(\boldsymbol{r}_0)\phi_m^*(\boldsymbol{r})}{[2\omega_n\delta_n+\mathrm{i}(\omega^2-\omega_n^2)][2\omega_m\delta_m+\mathrm{i}(\omega^2-\omega_m^2)]}\mathrm{d}\omega\right\}$$

$$(2-99)$$

若水听器不动，声源在整个水池移动并取空间平均，$\phi_n^2(\boldsymbol{r}_0)/\Lambda_n$ 的平均为 1；另外根据简正波的正交性，式（2 - 99）中大括号内的第二项为零，因此

$$p^2(\boldsymbol{r})=\frac{(4\pi\rho_0 Q_0 c_0^2)^2}{2V^2\Delta\omega}\int_{\Delta\omega}\sum_n\frac{\omega^2}{\Lambda_n}\frac{\phi_n^2(\boldsymbol{r})}{(2\omega_n\delta_n)^2+(\omega^2-\omega_n^2)^2}\mathrm{d}\omega$$

$$(2-100)$$

对上式进行统计处理，由式（2 - 12）可求出 Δf 带内总的简正波数目为

$$\Delta N\approx\left[4\pi V\frac{f^2}{c^3}+\frac{\pi}{2}S\left(\frac{f}{c^2}\right)\right]\Delta f=\left[2V\frac{f^2}{c^3}+\frac{1}{4}S\left(\frac{f}{c^2}\right)\right]\Delta\omega$$

$$(2-101)$$

窄带内的均方声压也可表示为

$$p^2(\boldsymbol{r})=\frac{(4\pi\rho_0 Q_0)^2 c_0 f}{V\Delta N}\left(1+\frac{S\lambda}{8V}\right)\int_{\Delta\omega}\sum_n\frac{\omega^2}{\Lambda_n}\frac{\phi_n^2(\boldsymbol{r})}{(2\omega_n\delta_n)^2+(\omega^2-\omega_n^2)^2}\mathrm{d}\omega$$

$$(2-102)$$

参考 2.2.1 节，可推导出

$$\langle p^2(\boldsymbol{r})\rangle=\frac{4\rho_0 c_0}{R_0}\frac{W_0}{\Delta N}\left(1+\frac{S\lambda}{8V}\right)\sum_n\frac{\phi_n^2(\boldsymbol{r})}{\Lambda_n}\qquad(2-103)$$

式（2 - 103）中求和符号内的项可近似表示为

$$\frac{\phi_n^2(\boldsymbol{r})}{\Lambda_n}=8\sin^2\frac{n_x\pi x}{l_x}\sin^2\frac{n_y\pi y}{l_y}\sin^2\frac{n_z\pi z}{l_z}\qquad(2-104)$$

需要求的是这些项对所有可能 n 的平均值。首先考虑 x 因子，沿着平行于 x 轴的直线，y 轴及 z 轴为常量。求和式可以写成如下形式：

$$\sum_n\frac{\phi_n^2(\boldsymbol{r})}{\Lambda_n}=\sum_{n_x}2\sin^2\frac{n_x\pi x}{l_x}\sum_{n_y,n_z}4\sin^2\frac{n_y\pi y}{l_y}\sin^2\frac{n_z\pi z}{l_z}\qquad(2-105)$$

式（2 - 105）中，$n_x=1,2,\cdots,N_x$。n_x 的最大值 N_x 是最接近 $l_x/(\lambda/2)$ 的整数。

式（2 - 105）中 $2\sin^2\dfrac{n_x\pi x}{l_x}$ 项的平均值为

$$\frac{1}{N_x}\left[2\sin^2\left(\frac{\pi x}{l_x}\right) + 2\sin^2\left(\frac{2\pi x}{l_x}\right) + \cdots + 2\sin^2\left((N_x-1)\frac{\pi x}{l_x}\right)\right]$$

$$= 1 - \sin\left(\frac{2N_x\pi x}{l_x}\right)/2N_x\tan\left(\frac{\pi x}{l_x}\right) + \cos^2\left(\frac{N_x\pi x}{l_x}\right)/N_x$$

$$(2-106)$$

频率较高时，N_x 很大，$N_x\pi x/l_x \approx kx$，$2\cos^2\dfrac{n_x\pi x}{l_x}$项的平均可表示为

$$1 + \sin(2kx)/2kx \qquad (2-107)$$

上式的后项就是 Waterhouse 得到的扩散场声压分布结果。

对 y 轴及 z 轴做同样处理，则式（2-103）可写成

$$\langle p^2(\boldsymbol{r})\rangle = \frac{4\rho_0 c_0}{R_0}\frac{W_0}{\Delta N}\left(1 + \frac{S\lambda}{8V}\right)\left[1 - \sin\left(\frac{2N_x\pi x}{l_x}\right)/2N_x\tan\left(\frac{\pi x}{l_x}\right) + \cos^2\left(\frac{N_x\pi x}{l_x}\right)/N_x\right]\times$$

$$\left[1 - \sin\left(\frac{2N_y\pi y}{l_y}\right)/2N_y\tan\left(\frac{\pi y}{l_y}\right) + \cos^2\left(\frac{N_y\pi y}{l_y}\right)/N_y\right]\times$$

$$\left[1 - \sin\left(\frac{2N_z\pi z}{l_z}\right)/2N_z\tan\left(\frac{\pi z}{l_z}\right) + \cos^2\left(\frac{N_z\pi z}{l_z}\right)/N_z\right] \qquad (2-108)$$

上式也可以写成

$$\langle p^2(\boldsymbol{r})\rangle = \frac{4\rho_0 c_0 W_0}{R_0}\left(1 + \frac{S\lambda}{8V}\right)F(x)F(y)F(z) \qquad (2-109)$$

式中，$F(x)$，$F(y)$，$F(z)$ 分别为沿 x 轴、y 轴及 z 轴的空间因子。

$$F(x) = 1 - \sin\left(\frac{2N_x\pi x}{l_x}\right)/\left[2N_x\tan\left(\frac{\pi x}{l_x}\right)\right] + \cos^2\left(\frac{N_x\pi x}{l_x}\right)/N_x \qquad (2-110)$$

$$F(y) = 1 - \sin\left(\frac{2N_y\pi y}{l_y}\right)/\left[2N_y\tan\left(\frac{\pi y}{l_y}\right)\right] + \cos^2\left(\frac{N_y\pi y}{l_y}\right)/N_y \qquad (2-111)$$

$$F(z) = 1 - \sin\left(\frac{2N_z\pi z}{l_z}\right)/\left[2N_z\tan\left(\frac{\pi z}{l_z}\right)\right] + \cos^2\left(\frac{N_z\pi z}{l_z}\right)/N_z \qquad (2-112)$$

考虑对水听器空间平均，有

$$\langle p^2\rangle = \frac{4\rho_0 c_0 W_0}{R_0}\left(1 + \frac{S\lambda}{8V}\right)F(x)F(y)F(z) \qquad (2-113)$$

以 $F(x)$ 为例，详细分析一下空间因子。在水池的两端，$x=0$ 或 $x=l_x$，$F(x)=1/N_x$；当 $x=l_x/(2N_x)$ 时，即离水池壁面 $\lambda/4$ 处，$F(x)=1$；当 $x=3l_x/(4N_x)$ 时，$F(x)=\max$；之后 $F(x)$ 的取值在 1 与 $1+1/N_x$ 间，中间部分的均值近似为 $1+1/2N_x$。

若取 $N_x=3$，则辐射声功率空间变化因子 $F(x)$ 如图 2-6 所示。$N_x=3$ 是使以上分析有意义的最低取值。中心区的最大偏差为 1/3。

$N_x=10$ 时的辐射声功率空间变化因子 $F(x)$ 如图 2-7 所示，$F(x)$ 在水池壁面

处最小;到达 $\lambda/4$ 时为 1;在水池中间,$F(x)$ 在 1 和 1.1 间变化。

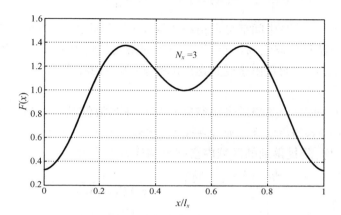

图 2-6　$N_x=3$ 时的辐射声功率空间因子 $F(x)$

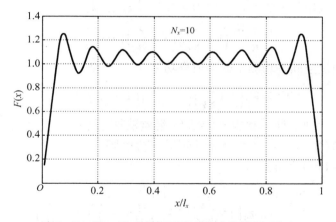

图 2-7　$N_x=10$ 时的辐射声功率空间因子 $F(x)$

　　由图 2-6 及图 2-7 可以看出,沿任何方向,都有辐射较低功率的边界区,其厚度大约为 $\lambda/4$。辐射声功率空间变化因子 $F(x)$ 从最小值 $1/N_x$ 升到离壁面 $\lambda/4$ 处的 $1(x/l_x=1/(2N_x))$。在稍大于 $3\lambda/8$ 处,$F(x)$ 升到最大值($x/l_x=1.45/(2N_x-1)$)。之后,空间因子取值在 1 与 $1+1/N_x$ 之间,其间隔大约为 $\lambda/4$。

　　若把空间变化因子统一写成 $F(d)$,并研究混响声场内空间变化因子的平均 $\overline{F}(d)$,其平均范围为 d_1 至 $l-d_1$(这里 l 为 d 轴方向水池的边长)。当 $d_1=\lambda/4$ 时:

$$\overline{F}(d) \approx 1 + \frac{1}{2N} \approx 1 + \frac{\lambda}{4l} \qquad (2-114)$$

实际上，由于 $F(d)$ 中间部分取值在 1 与 $1 + 1/N$ 间，均值近似为 $1 + 1/(2N)$。因此，不管积分路径的起点与终点，只要积分的路径长度为 $\lambda/2$ 的整数倍，$\overline{F}(d)$ 都接近于 $1 + 1/(2N)$。而且由于受直达声的影响，若声源在水池中心，我们的积分范围不可能从 d_1 至 $l - d_1$。

若声源的辐射声功率测量采用空间平均且在水池的某一区域进行，此区域的范围为：x 从 $x_1 \to x_2 (x_1 < x_2)$，y 从 $y_1 \to y_2 (y_1 < y_2)$，z 从 $z_1 \to z_2 (z_1 < z_2)$。通过对水听器的空间平均，测量得到的区域内空间平均均方声压为

$$\langle p^2 \rangle = \frac{4\rho_0 c_0 W_0}{R_0} \left(1 + \frac{S\lambda}{8V}\right) \frac{1}{(x_2 - x_1)(y_2 - y_1)(z_2 - z_1)}$$

$$\int_{x_1}^{x_2} F(x) \, dx \int_{y_1}^{y_2} F(y) \, dy \int_{z_1}^{z_2} F(z) \, dz$$

$$(2-115)$$

若水听器移动区域的各方向都近似为 $\lambda/2$ 的整数倍，则

$$\langle p^2 \rangle = \frac{4\rho_0 c_0 W_0}{R_0} \left(1 + \frac{S\lambda}{8V}\right) \left(1 + \frac{\lambda}{4l_x}\right) \left(1 + \frac{\lambda}{4l_y}\right) \left(1 + \frac{\lambda}{4l_z}\right) \qquad (2-116)$$

设中部区域通过空间平均测量的辐射声功率为 $\langle W \rangle$，则

$$\langle W \rangle = W_0 \left(1 + \frac{S\lambda}{8V}\right) \left(1 + \frac{\lambda}{4l_x}\right) \left(1 + \frac{\lambda}{4l_y}\right) \left(1 + \frac{\lambda}{4l_z}\right) \qquad (2-117)$$

可见，$\langle W \rangle > W_0$，即在软边界情况下，混响法通过中部区域空间平均测量得到的辐射声功率 $\langle W \rangle$ 大于自由场测量的辐射声功率 W_0。

由式 $(2-116)$ 可得出

$$W_0 = \frac{\langle p^2 \rangle R_0}{4\rho_0 c_0 \left(1 + \frac{S\lambda}{8V}\right) \left(1 + \frac{\lambda}{4l_x}\right) \left(1 + \frac{\lambda}{4l_y}\right) \left(1 + \frac{\lambda}{4l_z}\right)} \qquad (2-118)$$

由边界引起的校正因子 R_{s-s} 为

$$R_{s-s} = \frac{1}{\left(1 + \frac{S\lambda}{8V}\right) \left(1 + \frac{\lambda}{4l_x}\right) \left(1 + \frac{\lambda}{4l_y}\right) \left(1 + \frac{\lambda}{4l_z}\right)} \qquad (2-119)$$

则

$$W_0 = \frac{\langle p^2 \rangle R_0}{4\rho_0 c_0} R_{s-s} \qquad (2-120)$$

（2）刚性边界

类似地可推导刚性边界的边界校正因子为

$$R_{s-r} = \cfrac{1}{\left(1+\cfrac{S\lambda}{8V}\right)\left(1-\cfrac{\lambda}{4l_x}\right)\left(1-\cfrac{\lambda}{4l_y}\right)\left(1-\cfrac{\lambda}{4l_z}\right)} \qquad (2-121)$$

$N_x = 3$ 及 $N_x = 10$ 的刚性边界辐射声功率空间变化因子 $F(x)$ 如图 $2-8$ 及图 $2-9$ 所示。

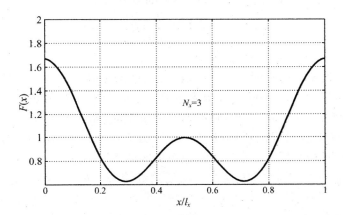

图 2 - 8　$N_x = 3$ 时的辐射声功率空间因子 $F(x)$

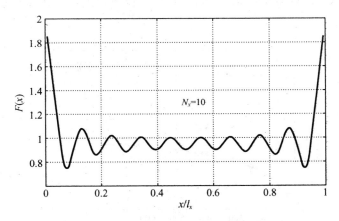

图 2 - 9　$N_x = 10$ 时的辐射声功率空间因子 $F(x)$

若刚性边界情况下中部区域通过空间平均测量的辐射声功率为$\langle W \rangle$，则

$$W_0 = \langle W \rangle R_{s-r} \qquad (2-122)$$

可见，$W_0 > \langle W \rangle$，即在刚性边界情况下，混响法通过中部区域空间平均测量得到的辐射声功率$\langle W \rangle$小于自由场测量的辐射声功率W_0。

因此，刚性壁面统计平均校正后的声源辐射声功率为

$$W_0 = \langle p^2 \rangle \frac{R_0}{4\rho_0 c_0} R_{s-r} \qquad (2-123)$$

（3）非消声水池的水泥或瓷砖边界

非消声水池壁面由水泥或瓷砖构成，可根据测量的混响时间计算出壁面平均吸声系数$\bar{\alpha}$，然后按式（2-96）计算出校正因子，按式（2-97）校正。

尺寸为 15 m×9 m×6 m 的刚性壁面、阻抗壁面（哈尔滨工程大学非消声水池，水泥壁面）及绝对软边界的低频校正比较如图 2-10 所示。可见，对于绝对软边界，壁面的影响较大，低频段水箱或水池中部区域通过空间平均得到的辐射声功率$\langle W \rangle > W_0$（W_0 为声源辐射声功率的自由场测量结果），声功率级的校正因子为负；对于绝对硬边界，壁面的影响也较大，低频段水箱或水池中部区域通过空间平均得到的辐射声功率$\langle W \rangle < W_0$，声功率级的校正因子为正；对于阻抗壁面，壁面的影响较小，低频段水箱或水池中部区域通过空间平均得到的辐射声功率$\langle W \rangle$略小于W_0。尺寸为 15 m×9 m×6 m 的不同壁面的水箱或水池可以按图 2-10 进行相应的校正。

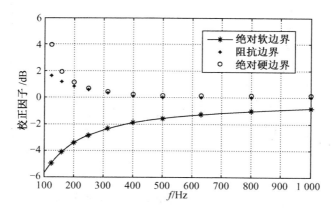

图 2-10　不同边界的校正因子比较

2.5　空间平均的作用

非消声水池中由于存在边界干涉模式及能量密度空间分布的不均匀(尤其是对于单频激励),测量的各点均方声压的空间变化是不可避免的,同时实验已验证在混响声场中对某定点的时间平均无法消除简正波的干涉。因此,在非消声水池中采用混响法测量声源的辐射声功率必须进行空间平均。

根据式(2-38),非消声水池中矢径为 $\boldsymbol{r}$ 的空间点的均方声压 $p^2(\boldsymbol{r},\boldsymbol{r}_0)$(有效值)为

$$p^2(\boldsymbol{r},\boldsymbol{r}_0) = \frac{1}{2}|p(\boldsymbol{r},\boldsymbol{r}_0)|^2 = \frac{(4\pi\rho_0 Q_0 c_0^2)^2}{2V^2}\left\{\sum_n \frac{\omega^2}{\Lambda_n^2}\frac{\phi_n^2(\boldsymbol{r}_0)\phi_n^2(\boldsymbol{r})}{(2\omega_n\delta_n)^2+(\omega^2-\omega_n^2)^2} + \right.$$

$$\left. \sum_n\sum_{m\neq n}\frac{\omega^2}{\Lambda_n^2}\frac{\phi_n(\boldsymbol{r}_0)\phi_n(\boldsymbol{r})\phi_m^*(\boldsymbol{r}_0)\phi_m^*(\boldsymbol{r})}{[2\omega_n\delta_n+\mathrm{i}(\omega^2-\omega_n^2)][2\omega_m\delta_m+\mathrm{i}(\omega^2-\omega_m^2)]}\right\}$$

$$(2-124)$$

式(2-124)中大括号内第一项表示声源所激起的各阶简正波在测量点处对声能贡献的独立相加,第二项表示各阶简正波在测量点处的干涉相加。

利用简正波的正交性可得到

$$\frac{1}{V}\iiint_V \phi_n(\boldsymbol{r})\phi_m^*(\boldsymbol{r})\mathrm{d}V = \begin{cases} 0, n\neq m \\ \Lambda_n, n=m \end{cases} \qquad (2-125)$$

$$\frac{1}{V}\iiint_V \phi_n(\boldsymbol{r}_0)\phi_m^*(\boldsymbol{r}_0)\mathrm{d}V = \begin{cases} 0, n\neq m \\ \Lambda_n, n=m \end{cases} \qquad (2-126)$$

若只是对某测点时间平均却无法消除式(2-124)中大括号内的第二项,则无法消除简正波间的干涉。而通过空间平均则可消除简正波间的干涉,去掉式(2-124)中大括号内的第二项,从而得到

$$\langle p^2(\boldsymbol{r}_0)\rangle = \frac{1}{2}\frac{(4\pi\rho_0 Q_0 c_0^2)^2}{V^2}\sum_n \frac{\omega^2}{\Lambda_n}\frac{\phi_n^2(\boldsymbol{r}_0)}{(2\omega_n\delta_n)^2+(\omega^2-\omega_n^2)^2} \quad (2-127)$$

参考 2.2.1 节,式(2-127)可简化为

$$\langle p^2(\boldsymbol{r}_0)\rangle = \frac{8\pi\rho_0^2 Q_0^2\omega^2}{S\bar{\alpha}\Delta N}\sum_n \frac{\phi_n^2(\boldsymbol{r}_0)}{\Lambda_n} \qquad (2-128)$$

式(2-128)中 $\phi_n^2(\boldsymbol{r}_0)$ 表示简正波在声源处的幅度,在非消声水池中不同位置,$\phi_n^2(\boldsymbol{r}_0)$ 也存在不均匀性。若对声源也进行空间平均,则可消除 $\phi_n^2(\boldsymbol{r}_0)$ 的波动,从而减少空间平均均方声压 $\langle p^2(\boldsymbol{r}_0)\rangle$ 的波动,更进一步降低测量的不确定度。

通过对声源的空间平均可得到声源的辐射声功率与空间平均均方声压之间的

关系如下：

$$\langle p^2 \rangle = \frac{4\rho_0 c_0 W_0}{R_0} \qquad (2-129)$$

所以，在非消声水池内进行空间平均，可消除简正波的干涉，使测量结果准确可靠；空间平均的范围越大，式（2-124）中大括号内第二项消除得越干净，简正波干涉的影响越小，效果越好；若同时对声源进行空间平均，可消除式（2-128）中$\phi_n^2(r_0)$的波动，从而减少空间平均均方声压$\langle p^2(r_0) \rangle$的波动，更进一步降低测量的不确定度，增加测量的准确性，效果更好。

2.6 本章小结

本章主要研究了非消声水池中的声场。采用简正波理论及统计声学理论建立非消声水池中非刚性壁面（$\bar{\alpha} > 0.2$）情况下混响控制区的空间平均均方声压与点源的辐射声功率之间的关系。在此基础上，研究了复杂声源作用下的声场。首先推导了水池中指向性声源的混响法理论公式；其次本章研究了非消声水池中声源的叠加性；再次，本章研究了低频段（$f < f_s$）声源辐射声功率的校正方案。除了把Waterhouse校正扩展到考虑阻抗（非刚性）边界外，还研究了不同边界情况下考虑边界影响的低频校正方案。最后本章从理论上研究了空间平均的作用。为有助于以上研究，本章也研究了非消声水池内的简正波。以上研究为声源辐射声功率的混响法实验研究奠定了理论基础。

第3章 水下复杂声源辐射声功率实验研究

3.1 非消声水池内标准声源的辐射声功率测量

3.1.1 非消声水池中点源的辐射声功率测量原理

若非消声水池中点声源的辐射声功率为 W,当混响声场达到稳态时,按式(2-53)可建立 $f \geqslant f_s$ 情况下混响声场内距声源 r 处所测空间平均均方声压 $\langle p^2 \rangle$ 与声源的辐射声功率 W 间的关系为

$$\langle p^2 \rangle = W\rho_0 c_0 \left(\frac{1}{4\pi r^2} + \frac{4}{R_0} \right) \qquad (3-1)$$

混响时间表示在扩散声场中,声能密度下降为原来值的百万分之一所需要的时间(即声压级降低 60 dB),通常用 T_{60} 来表示。由参考文献[98]之(8-1-17)式,忽略水介质的吸收,可得

$$T_{60} = \frac{55.2V}{-c_0 S \ln(1 - \bar{\alpha})} \qquad (3-2)$$

式中,$\bar{\alpha}$ 为壁面的平均吸收系数。

由式(3-2)及式(2-50)可得 R_0 与 T_{60} 之间的关系为

$$R_0 = S(e^{\frac{55.2V}{T_{60}Sc_0}} - 1) \qquad (3-3)$$

令 $\beta = e^{\frac{55.2V}{T_{60}Sc_0}}$($\beta$ 与混响时间 T_{60} 有关),则上式可写为

$$R_0 = S(\beta - 1) \qquad (3-4)$$

把式(3-4)代入式(3-1)可得

$$\frac{\langle p^2 \rangle}{\rho_0 c_0} = W\left[\frac{1}{4\pi r^2} + \frac{4}{S(\beta - 1)} \right] \qquad (3-5)$$

上式也可以写为

$$\langle L_P \rangle = L_W + 10\lg\left[\frac{1}{4\pi r^2} + \frac{4}{S(\beta - 1)} \right] \qquad (3-6)$$

式中 $\langle L_P \rangle$（dBre1μPa）——混响声场内所测空间平均声压级；

$\qquad L_W$（dBre0.67×10⁻¹⁸ W）——声源的声功率级。

若在混响声场的混响控制区测量，$r \geqslant 4r_h$（混响声比直达声大 12 dB），混响声起主要作用，直达声的作用可忽略。因此，式（3-6）可简化为

$$L_W \approx \langle L_P \rangle - 10\lg\left[\frac{4}{S(\beta-1)}\right] \qquad (3-7)$$

式（3-7）即为 $f \geqslant f_s$ 情况下非消声水池中测量点源辐射声功率的测量原理，即通过在非消声水池混响控制区测量出声源作用下的混响声场空间平均声压级 L_P，再根据测量的混响时间 T_{60}（β 与混响时间 T_{60} 有关），就可得到声源的辐射声功率 L_W。

式（3-7）中的 $10\lg\left[\dfrac{4}{S(\beta-1)}\right]$ 为校准量，表示的是在非消声水池中混响控制区测量的点声源的空间平均声压级与其声功率级间的差值。该量只与非消声水池特性有关而与声源无关，可通过在非消声水池中利用标准声源测量混响时间得到。

若自由场离声源 1 m 处的声压为 p_f，则由式（3-1）可得

$$\frac{\langle p^2 \rangle}{p_f^2} = \frac{16\pi}{R_0} \qquad (3-8)$$

若定义 $R_c = \dfrac{16\pi}{R_0}$，则

$$\frac{\langle p^2 \rangle}{p_f^2} = R_c \qquad (3-9)$$

式（3-9）也可以写为

$$\langle L_P \rangle = SL + 10\lg R_c \qquad (3-10)$$

式中 $\langle L_P \rangle$（dBre1μPa）——混响声场混响控制区所测空间平均声压级；

$\qquad SL$（dBre1μPa）——声源的自由场声源级；

$\qquad 10\lg(R_c)$——混响声场至自由场的声压级修正量，其也可以表示为

$$10\lg R_c = 10\lg\left(\frac{16\pi}{R_0}\right) = 10\lg\left[\frac{16\pi}{S(\beta-1)}\right] \qquad (3-11)$$

3.1.2　水下声源的低频校正

对于声源低频段的测量，非消声水池的边界干涉模式不可忽略。由于水池中间区域的平均声能密度小于水池边界附近的声能密度。所以，在非消声水池测量区域（混响控制区，离壁面距离 $> \lambda/4$，离声源距离 $> 2r_h$），根据测量的空间平均均方声压 $\langle p^2 \rangle$ 而得到的平均声功率 $\langle W \rangle$ 往往低于声源的辐射声功率 W_0。

1. 非刚性壁面的 Waterhouse 校正原理

非刚性壁面的校正因子如式（2 - 96）所示,把该式代入式（2 - 97）,可得非刚性壁面的扩展的 Waterhouse 校正如下:

$$W_0 = \langle p^2 \rangle \frac{R_0}{4\rho_0 c_0} R_{\text{w-n}} \qquad (3 - 12)$$

式中,$R_{\text{w-n}} \approx \frac{1}{8}\left[1 + 3(1 - \overline{\alpha}) + 3(1 - \overline{\alpha})^2 + (1 - \overline{\alpha})^3\right] + \frac{1}{4}\left[\sqrt{1 - \overline{\alpha}} + 2(1 - \overline{\alpha})^{3/2} + (1 - \overline{\alpha})^{5/2}\right]\frac{S\lambda}{8V}$。

式（3 - 12）也可以表示为

$$L_{W0} = \langle L_P \rangle - 10\lg\left[\frac{4}{S(\beta - 1)R_{\text{w-n}}}\right] \qquad (3 - 13)$$

式中　$L_{W0}(\text{dBre}0.67 \times 10^{-18}\text{W})$——水下声源的声功率级;

　　　　$\langle L_P \rangle(\text{dBre}1\mu\text{Pa})$——混响声场内所测空间平均声压级。

这里 β 与混响时间 T_{60} 有关。

因此,通过大范围空间平均测量低频段的空间平均声压级,再通过测量的混响时间并进行非刚性壁面的扩展 Waterhouse 校正就能得到声源低频段的辐射声功率。

2. 考虑边界影响的低频段校正原理

非消声水池若为绝对硬或绝对软边界,在低频段测量时需考虑边界影响并进行低频校正。在非消声水池中采用混响法测量声源的辐射声功率,空间平均的范围越大,效果越好。而空间平均必须在混响控制区进行,因此根据非消声水池实际情况,可以实现 y 在某一固定范围(水听器在 y 方向的移动范围为 y_0 至 y_1 之间。y_0 及 y_1 距声源距离大于 $4r_h$,y_1 与 y_0 间距离大于 $\lambda/4$ 并尽可能大)。x 及 z 方向平均范围为 d_1 至 $l - d_1(d_1 = \lambda/4)$ 的空间平均,而式（2 - 120）及式（2 - 123）就是实际测量并考虑低频段校正的辐射声功率统计平均公式。

(1)绝对软边界

把式（2 - 120）中的 R_0 以 T_{60} 表示,则

$$\frac{\langle p^2 \rangle}{\rho_0 c_0} = \frac{4W_0}{S(\beta - 1)R_{\text{s-s}}} \qquad (3 - 14)$$

这里 $\beta = \text{e}^{\frac{55.2V}{T_{60}Sc_0}}$,与混响时间 T_{60} 有关。

式（3 - 14）也可以表示为

$$L_{W0} = \langle L_P \rangle - 10\lg\left[\frac{4}{S(\beta - 1)R_{\text{s-s}}}\right] \qquad (3 - 15)$$

式中　$\langle L_P\rangle$（dBre1μPa）——混响声场内所测空间平均声压级；

$\quad\quad L_{W0}$（dBre0.67×10^{-18}W）——水下声源的声功率级。

（2）绝对硬边界

只需把式（3－15）中的 R_{s-s} 替换为 R_{s-r}，因此

$$L_{W0} = \langle L_P\rangle - 10\lg\left[\frac{4}{S(\beta-1)R_{s-r}}\right] \qquad (3-16)$$

式（3－15）及式（3－16）即为绝对软及绝对硬边界情况下考虑边界影响的声源低频段统计平均校正原理。通过大范围空间平均测量低频段的空间平均声压级，再通过测量的混响时间及低频段校正即可得到声源的辐射声功率。

3.1.3　非消声水池中混响时间的测量

测量混响时间的方法主要有 MLS 脉冲积分法和中断声源法[111-114]，本书混响时间的测量采用中断声源法。测量系统如图 3－1 所示。由 PULSE(3560E)动态信号分析仪中的信号源产生的白噪声信号经功率放大器(B&K2713)放大后加到发射换能器。水听器收到的信号经测量放大器(B&K2692)放大后，再送入到 PULSE 动态信号分析仪，便可得到 1/3 倍频程带宽内的混响时间。系统采用自动触发方式，当声源停止发射后，被测信号下降 5 dB 时系统自动开始记录，然后根据采集的数据计算出混响时间。

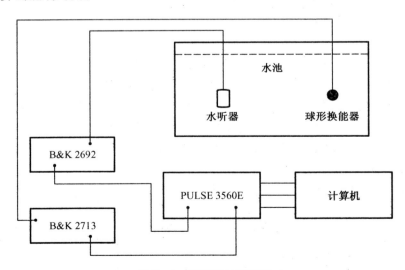

图 3－1　测量系统示意图

混响时间测量中会出现重复偏差和空间偏差[115]。采用中断声源法测量混响时间时,测试信号为白噪声信号,由于其具有随机性,导致在声源终止发声时,其激发的简正波模式及程度也具有随机性,不同模式的混响时间是不同的,因此便产生了混响时间测量的重复偏差。采用脉冲积分法或固定的测试信号可以有效地减少重复偏差。实际上,脉冲积分法或固定的测试信号都使用确定信号,模式激发的程度不是随机的,因而能大大减少重复偏差。为减少重复偏差,建议做 6 次以上的测量并进行平均;同时为减少空间偏差,建议对声源及水听器分别进行多点空间平均,所有测点距离水池壁面及底面至少 1.5 m,声源及水听器至少取 6 点进行空间平均。

混响时间测量的偏差通过多次或多点测量的混响时间的标准差与混响时间平均值的比值来表征。

若 T_{ij} 表示第 i 次测量的第 j 个 1/3 倍频程的混响时间,$\overline{T}_j$ 表示第 j 个 1/3 倍频程测量 N 次得到的平均混响时间,则

$$\overline{T}_j = \frac{1}{N} \sum_{i=1}^{N} T_{ij} \qquad (3-17)$$

若 σ_j 表示第 j 个 1/3 倍频程测量 N 次混响时间的标准差,则

$$\sigma_j = \left[\frac{1}{N-1} \sum_{i=1}^{N} (T_{ij} - \overline{T}_j)^2 \right]^{1/2} \qquad (3-18)$$

则混响时间测量的偏差 μ_j 可以用相对标准差表示如下:

$$\mu_j = \frac{\sigma_j}{\overline{T}_j} \times 100\% \qquad (3-19)$$

3.1.4　非消声水池内声源辐射声功率的测量

实验是在哈尔滨工程大学水声技术重点实验室的非消声水池内完成的。水池的尺寸为 15 m×9 m×6 m,实验采用的声源为 3829 系列球形声源及 UW350 活塞型声源。

仍采用图 3-1 的测量系统,只是接收的信号送到 PULSE 动态信号分析仪的通道 1 做谱分析。空间点的选取尽量避免离水池池壁、池底以及声源太近,以使测量点位于混响控制区内。简正波的干涉,使得对于混响声场中每个具体的测量点,其测量结果具有随机性。通过空间平均,可消除简正波的

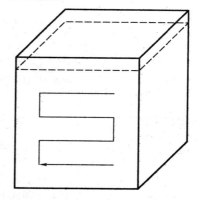

图 3-2　水池内水听器扫描路线图

干涉,使测量结果准确可靠。空间平均声压级的测量方法是在水池内缓慢移动水听器,水听器移动的路线按照图 3-2 的扫描路线,同时分析仪做谱分析时取 200 次平均。由于水听器的运动,每个样本便相当于空间上某点处的声压级,因此测量结果相当于空间上 200 个点上声压级的平均。为了获得更好的平均效果,选定 6 个不同区域进行声压级的测量,然后再对这 6 个区域的测量结果进行平均。实验用的发射换能器为一球形压电换能器,声压测量采用 8104 水听器,声源的自由场发射响应通过在消声水池中测量得到。

3.1.5　测量结果及分析

1. 混响时间测量结果

表 3-1 为非消声水池同一位置多次测量的混响时间,表中也给出了该点混响时间测量的均值和偏差,混响时间测量的重复偏差可见图 3-3。从表 3-1 及图 3-3 可见,同一位置混响时间测量的重复偏差不超过 3%。在水池中沿跨度方向不同的 6 个位置测量混响时间,混响时间测量的空间偏差如图 3-4 所示。比较图 3-3 及图 3-4 可知:混响时间测量的空间偏差明显大于其重复偏差。因此,为提高混响时间测量的精度,建议在尽可能多的位置测量混响时间并取平均值。

表 3-1　非消声水池同一位置混响时间测量的重复偏差

1/3 倍频程中心频率/kHz	混响时间/s							
	T_{1j}	T_{2j}	T_{3j}	T_{4j}	T_{5j}	T_{6j}	$\bar{T}_j$	$\mu_j(\%)$
2	0.864	0.893	0.884	0.866	0.883	0.862	0.875	1.5
2.5	0.489	0.488	0.5	0.490	0.496	0.489	0.492	1.0
3.15	0.308	0.306	0.317	0.305	0.308	0.309	0.309	1.3
4	0.41	0.41	0.413	0.409	0.415	0.410	0.411	0.5
5	0.47	0.469	0.479	0.475	0.489	0.462	0.474	1.9
6.3	0.28	0.277	0.281	0.279	0.283	0.278	0.28	0.7
8	0.313	0.303	0.303	0.317	0.316	0.307	0.31	2.1
10	0.230	0.230	0.230	0.23	0.233	0.231	0.231	0.5
12.5	0.198	0.197	0.204	0.198	0.202	0.199	0.2	1.4
16	0.182	0.184	0.176	0.183	0.177	0.183	0.181	1.9
20	0.163	0.164	0.166	0.163	0.166	0.162	0.164	1.1

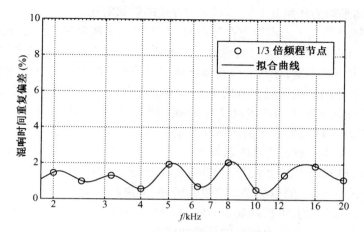

图 3 - 3　同一位置混响时间测量的重复偏差

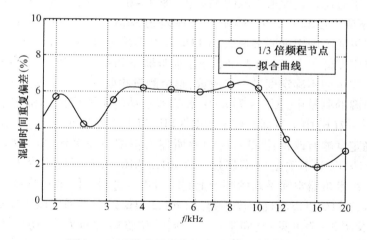

图 3 - 4　不同位置混响时间测量的空间偏差

2. 空间平均作用的实验验证

(1)空间平均的作用及不同空间平均方式的效果对比

图 3-5(a)给出了当声源发白噪声时,水听器在水池内某点固定不动,分析仪做 200 次平均的声压功率谱测量结果。当水听器不动时,测量的是水池内某点处时间平均的声压功率谱,在水池内其他点处测量的声压功率谱与之基本相似,但峰谷的细节各不相同。由于简正波的干涉,造成测量的不确定性增大,最大不确定度(标准差)达到 20 dB,平均不确定度为 5 dB。图 3-5(b)为水池内 5 个点的声压功率谱测量结果,不同点处测量的声压功率谱的峰和谷是相互交错的,但其不确定度与图 3-5(a)基本一致。当水听器做如图 3-2 所示的空间扫描移动时,分析仪取 200 次平均后得到的声压功率谱 2 次测量结果见图 3-5(c)。由此图可见,声压功率谱中几乎没有起伏,测量结果的重复性较好,测量的平均不确定度为 0.3 dB。从而证明:经过空间平均,可消除简正波间的干涉,大大减少测量的不确定性,空间平均声压功率谱与声源的自由场发射频响曲线非常相似。

图 3-6 及图 3-7 分别采用球形声源及活塞形声源(UW350)对不同空间平均的方式进行了对比。在球形声源的测量中,图 3-6(a)中水听器局部平均情况下 6 kHz 以上不确定度低于 2 dB,6 kHz 以下平均为 3 dB;图 3-6(b)中水听器大范围空间平均测量的不确定度明显改善,3 kHz 以上不确定度不超过 0.5 dB,3 kHz 以下平均不确定度低于 1 dB;图 3-6(c)在水听器空间平均的基础上同时对声源进行空间平均测量的不确定度进一步改善,整个测量频段内不确定度都小于 0.5 dB。在活塞型声源的测量中,图 3-7(a)中水听器不动时全频段的不确定度为 3.1 ~ 4.9 dB;图 3-7(b)中水听器局部平均时 3 kHz 以上不确定度不超过 1.5 dB,3 kHz 以下的不确定度略有改善;图 3-7(c)水听器大范围空间平均测量的不确定度明显改善,2 kHz 以下不确定度不超过 2.3 dB,2 kHz 以上不确定度不超过 1 dB;图 3-7(d)在水听器空间平均的基础上同时对声源进行空间平均测量的不确定度进一步改善,2 kHz 以下不确定度不超过 2 dB,2 kHz 以上不确定度不超过 0.5 dB。由图 3-6 及图 3-7 可见:空间平均优于同一位置的时间平均;连续性空间平均中,平均的范围越大,效果越好;若在水听器空间平均的基础上考虑对源的平均,效果更好。

(2)声源发射纯音情况下混响控制区空间平均的两次测量结果对比

声源发射纯音的情况下,在混响控制区进行空间平均(x 及 z 方向其平均范围近似为 d_1 至 $l-d_1$($d_1 = \lambda/4$),y 方向为 1.9 m 至 2.2 m),空间平均声压级应为常量。不同纯音的两次测量结果如图 3-8 所示,由图 3-8 可以看出:空间平均的两次测量结果相差不超过 0.5 dB,说明在混响控制区经过空间平均测量的空间平均声压级为一常量,而且通过校准可以求得声源的辐射声功率。

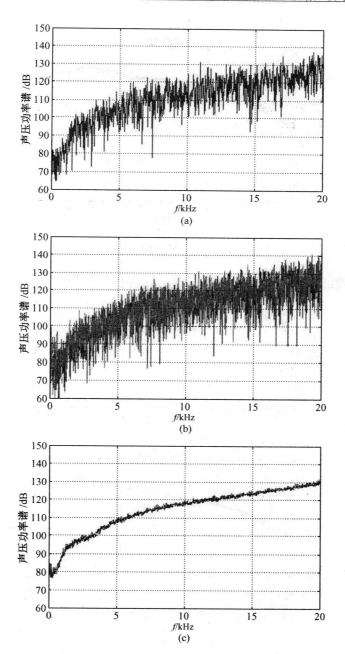

图 3 - 5　水池内声压功率谱测量结果

（a）某固定点的测量结果；（b）5 个点的测量结果；（c）空间平均的 2 次测量结果

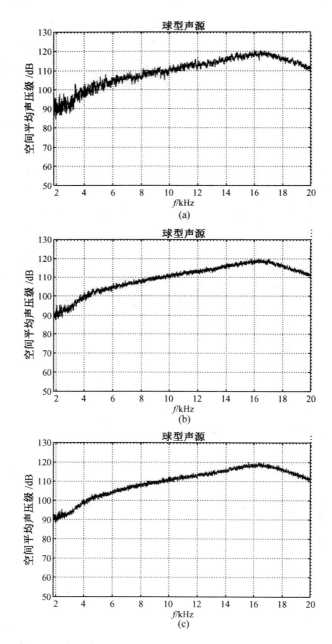

图3-6 球形声源不同线性连续性空间平均方式的效果比较

(a)局部空间平均,源不动;(b)较大范围空间平均,源不动;(c)较大范围空间平均,源动

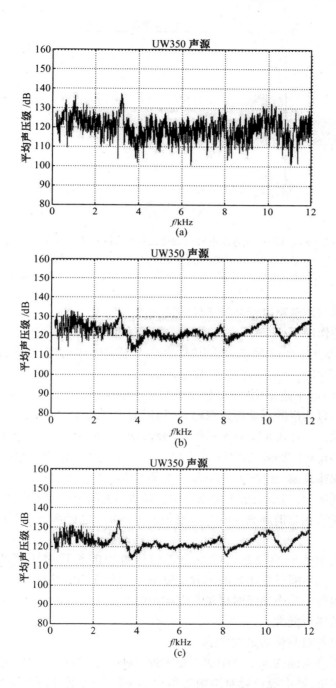

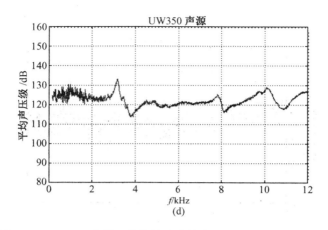

图3-7 UW350声源不同线性连续性空间平均方式的效果比较

(a)水听器不动;(b)局部连续性空间平均,源不动;

(c)大范围连续性空间平均,源不动;(d)大范围连续性空间平均,源动

3. 水听器与声源距离对测量结果的影响

在声源的作用下,非消声水池内的声能由直达声及混响声组成。由式(2-53)可知:当水听器与声源的距离 r 很小时,直达声起主要作用,此时声能按球面规律衰减,符合自由场的辐射规律;当 r 逐渐增大至 $r = r_h$ 时,直达声与混响声相等;当 $r > r_h$ 时,混响声起主要作用;当 r 继续增大至 $r > 4r_h$ 时,所测量的区域为混响控制区,在该区域,直达声的影响可以忽略,平均后的声能密度达到稳态。

实验水池,T_{60} 取 0.474 s(5 kHz 时测得 T_{60} 为 0.474 s),把以上参数代入式(2-55)可得:$r_h = 1.2$ m,见图3-9中虚线。当 $r < r_h$ 时,直达声起主要作用,声压级按球面波规律衰减,如图3-9中前三个测量点;当 $r > 4r_h$(4.8 m)后,测量的区域为混响控制区,直达声的影响可以忽略。随着 r 的增大,声压级的测量结果基本不变。因此建议在非消声水池的混响控制区($r > 4r_h$)进行水下声源的辐射声功率测量。

在非消声水池混响控制区的三个不同位置空间平均声压级的测量结果如图3-10所示。不同位置测量的不确定度不超过 0.5 dB,因此建议采用混响法进行水下声源辐射声功率测量时尽量在混响控制区进行,为减小测量误差,建议在空间平均的区域尽可能大。

4. 声源位置对测量结果的影响

只要声源离水池的壁面或底面不是太近,同时水听器在混响控制区(离声源的距离 $r \gg r_h$)测量,则声源位置对声源辐射声功率测量结果的影响不是太明显。图

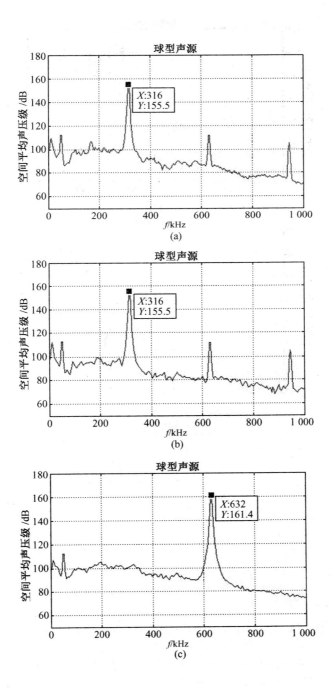

(a)

(b)

(c)

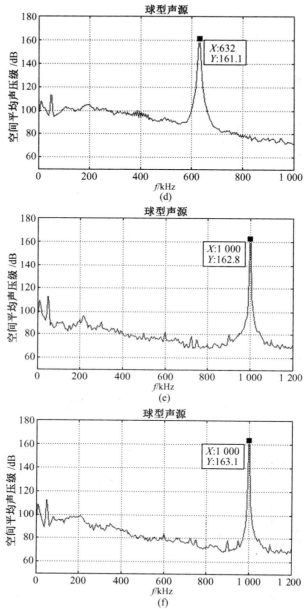

图 3-8 在非消声水池混响控制区空间平均的两次测量结果

（a）第一次测量结果（f = 315 Hz）；（b）第二次测量结果（f = 315 Hz）；

（c）第一次测量结果（f = 630 Hz）；（d）第二次测量结果（f = 630 Hz）；

（e）第一次测量结果（f = 1 000 Hz）；（f）第二次测量结果（f = 1 000 Hz）

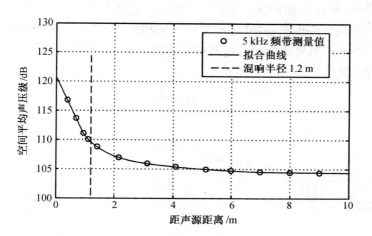

图 3 - 9　水听器与声源的不同距离测量结果比较

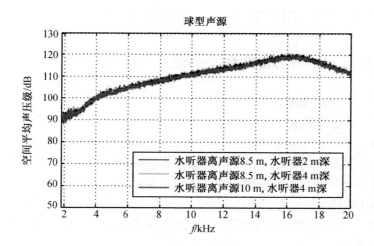

图 3 - 10　在混响控制区不同位置测量的空间平均声压级

3－11为声源分别在水池中离水面 2 m 及 4 m(离水池壁面很远,离底面不小于 1 m)的空间平均声压级测量结果,两者相差不超过 0.5 dB。由此可见,声源位置对声源辐射声功率测量结果的影响不是太明显。为减小声源位置的影响,建议对声源也进行空间平均。

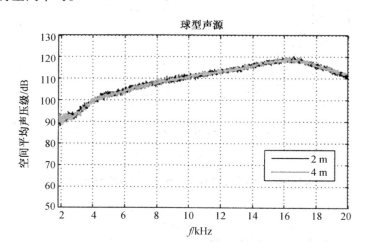

图 3－11　声源在不同深度的空间平均声压级测量结果

5. 声源辐射声功率测量结果

(1)水池中通过测量得到的修正量

分别在非消声水池及消声水池中测量标准球形声源的空间平均声压级,如图 3－12 所示。由图 3－12 及式(3－10)可见,非消声水池中测量的空间平均声压级与消声水池中测量的自由场发射频响曲线非常相似,只是二者之间相差一个常数。按式(3－11)可求出修正量 $10\lg R_c$,如图 3－13 所示。由图 3－13 及式(3－11)可以看出:修正量是与非消声水池常数有关的常数,随频率变化而变化,可以通过混响时间测量得到。

(2)修正量的计算值与测量值比较

由于非消声水池中壁面吸收较大,因此非消声水池中计算水池常数 R_0($R_0 = S\bar{\alpha}/(1-\bar{\alpha})$)时不能把 $1-\bar{\alpha}$ 近似为 1。利用测量的混响时间,按式(3－11)计算可求得修正量 $10\lg R_c$,与测量得到的修正量列于表 3－2 中。实测修正量与利用混响时间计算的修正量之间的差别不超过 1 dB。由此说明,根据混响时间法及自由场法得到的声源辐射声功率之间的差不超过 1 dB。由此证明:混响法可以准确地测量声源的辐射声功率。

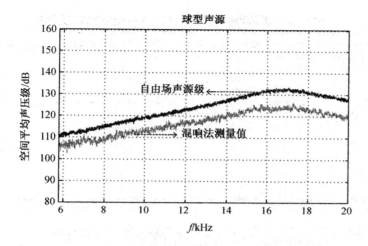

图 3 - 12　水池中测量的球形声源空间平均声压级

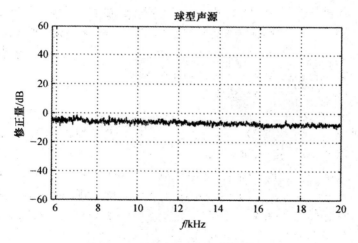

图 3 - 13　水池中测量得到的修正量

表 3 - 2　按混响时间计算的修正量与实测的修正量比较

1/3 倍频程中心频率/kHz	混响时间/s	计算的修正量/dB	实测的修正量/dB
6.3	0.28	-4.6	-4.7
8	0.31	-4.1	-5.0
10	0.231	-5.8	-6.0
12.5	0.2	-6.7	-6.6
16	0.181	-7.4	-7.8
20	0.164	-8.1	-8.0

（3）混响法测量的声源辐射声功率与自由场测量结果比较

分别在非消声水池及消声水池中测量球形声源的辐射声功率如图 3 - 14 所示。由图可见,两种方法测量的声源辐射声功率基本一致。混响法测量的 2 kHz ~ 20 kHz 的总辐射声功率为 138.2 dB,16 kHz 频段的辐射声功率为 135.3 dB;在自由场中测量 2 kHz ~ 20 kHz 的总辐射声功率为 138.0 dB,16 kHz 频段的辐射声功率为 135.5 dB。这也同时证明:在非消声水池(壁面吸收较大,反射系数较小)条件下采用混响法可准确测量水下声源的辐射声功率。

（4）声源辐射声功率的低频校正

采用图 3 - 15 的水箱(尺寸 1.5 m × 0.9 m × 0.6 m,水箱壁面为玻璃,玻璃厚 5 mm,外面为空气,可按绝对软边界处理),通过测量混响时间,可计算该水箱的下限频率及截止频率分别为 3.9 kHz 及 6.76 kHz。分别在水箱中部区域及贴近壁面附近测量的某球形声源的辐射声功率如图 3 - 16 所示。由图 3 - 16 可以看出:3 kHz ~ 8 kHz 间的低频段中部区域的测量结果大于壁面附近的测量结果,大于 8 kHz 时两区域的测量结果差别不大,因此低频段需要对中部区域的测量结果进行修正。按式(2 - 125)对低频段进行统计平均校正,校正后的结果如图 3 - 17(a)所示,在自由场测量该声源的辐射声功率如图 3 - 17(b)所示。比较图 3 - 17(a)和(b),发现两者相差不超过 1 dB,说明对低频段进行统计平均校正后的结果与自由场测量结果一致。

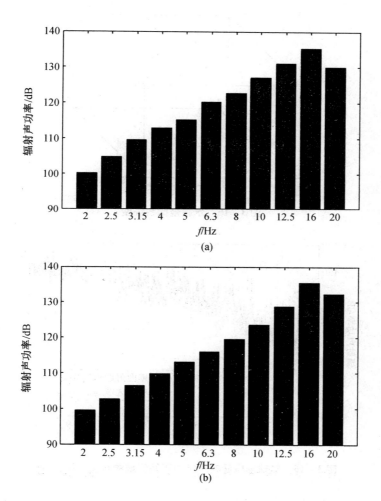

图 3 - 14　球形声源辐射声功率两种测量方法比较

（a）混响法测量结果；（b）自由场测量结果

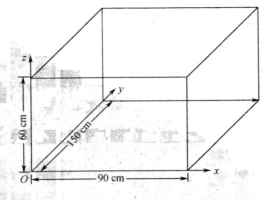

图 3-15 水箱坐标系统图

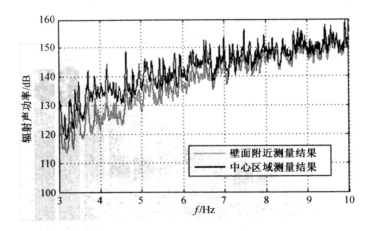

图 3-16 某球形声源在水箱中不同区域的测量结果比较

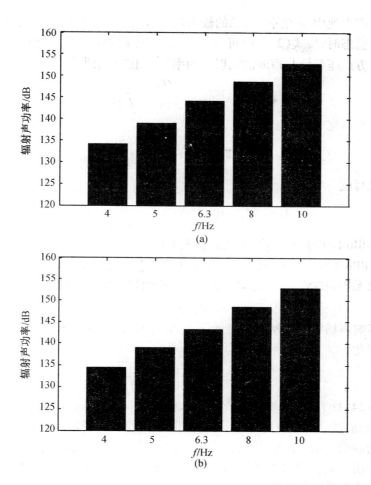

图 3-17 某球形声源边界低频校正后的结果与自由场比较

（a）考虑边界影响的低频校正；（b）自由场测量结果

3.2 非消声水池内水下复杂声源的辐射声功率测量

3.2.1 非消声水池中水下复杂声源辐射声功率的测量原理

水下复杂声源可以看成是指向性声源的叠加，因此解决了指向性声源的测量并论证其叠加性，也便解决了水下复杂声源的测量。

若非消声水池中一指向性声源的辐射声功率为 W_1,其指向性因素为 Q_1,当混响声场达到稳态时,按式(2-53)可建立 $f \geqslant f_S$ 情况下混响声场内距声源 r_1 处所测空间平均均方声压 $\langle p_1^2 \rangle$ 与声源的辐射声功率 W_1 间的关系为

$$\langle p_1^2 \rangle = W_1 \rho_0 c_0 \left(\frac{Q_1}{4 \pi r_1^2} + \frac{4}{R_0} \right) \tag{3-20}$$

与 3.1.1 节类似的过程可推出

$$\frac{\langle p_1^2 \rangle}{\rho_0 c_0} = W_1 \left[\frac{Q_1}{4 \pi r_1^2} + \frac{4}{S(\beta - 1)} \right] \tag{3-21}$$

上式也可以写成

$$L_{P1} = L_{W1} + 10 \lg \left[\frac{Q_1}{4 \pi r_1^2} + \frac{4}{S(\beta - 1)} \right] \tag{3-22}$$

式中 $L_{P1}(\mathrm{dBre1 \mu Pa})$ ——混响声场内所测空间平均声压级;

$L_{W1}(\mathrm{dBre0.67 \times 10^{-18} W})$ ——指向性声源的声功率级。

若等效无指向性声源的混响半径为 r_{h0},指向性声源的混响半径为 r_h,则

$$r_h = \sqrt{Q_1} \, r_{h0} \tag{3-23}$$

若在混响声场的混响控制区测量,$r_1 \geqslant 2 r_h$,混响声起主要作用,直达声的作用可忽略。因此,式(3-22)可简化为

$$L_{W1} \approx L_{P1} - 10 \lg \left[\frac{4}{S(\beta - 1)} \right] \tag{3-24}$$

式(3-24)即为 $f \geqslant f_S$ 情况下非消声水池中指向性声源辐射声功率的测量原理:与点源的辐射声功率测量一样,通过在非消声水池混响控制区测量出指向性声源作用下的混响声场空间平均声压级 L_{P1},再根据测量的混响时间 T_{60},就可得到声源的辐射声功率 L_{W1}。只是在测量中要关注指向性声源混响半径的变化,要根据混响半径的变化调整测量的区域。

2. 多个指向性声源的辐射声功率测量原理

在 $f \geqslant f_S$ 情况下,非消声水池中有 n 个集中在一个有限区域内的指向性声源,该区域远小于水池的体积,其辐射声功率分别为 $W_1, W_2, W_3, \cdots, W_n$,其指向性因素分别为 $Q_1, Q_2, Q_3, \cdots, Q_n$,则 n 个声源的总辐射声功率为 $W = W_1 + W_2 + W_3 + \cdots + W_n$。

若测量点在非消声水池的混响控制区($r > \max(4 r_{hi})$,r_{hi} 为每个指向性声源的混响半径),由于 n 个声源集中在一个有限区域内,该区域远小于水池的体积,所以直达声可忽略。由式(2-71)可得

$$\langle p^2 \rangle = \rho_0 C_0 \left(\frac{4W}{R_0} \right) \tag{3-25}$$

把式(3 - 25)中的 R_0 以 β(与 T_{60} 有关)表示,则

$$\frac{\langle p^2 \rangle}{\rho_0 c_0} = W \left[\frac{4}{S(\beta - 1)} \right] \tag{3 - 26}$$

上式也可以写为

$$L_W \approx L_P - 10\lg \left[\frac{4}{S(\beta - 1)} \right] \tag{3 - 27}$$

式中 $L_W(\text{dBre}0.67 \times 10^{-18}\text{W})$ ——多个指向性声源的总声功率级;

$L_P(\text{dBre}1\mu\text{Pa})$ ——多个指向性声源作用下混响声场混响控制区测量的空间平均声压级。

比较式(3 - 7)、式(3 - 24)及式(3 - 27)可知:$f \geqslant f_s$ 情况下,多个指向性声源、单个指向性声源及单个点源的校准常数(混响声场中所测空间平均声压级与声源辐射声功率的差值)都为 $10\lg \left[\frac{4}{S(\beta - 1)} \right]$。因此,当声场内存在复杂声源($n$ 个集中在一个有限区域内的指向性声源),该区域远小于混响水池的体积时,可以通过校准单个点源的方式来校准复杂声源。即使用标准声源测出混响时间,再按校准常数 $10\lg \left[\frac{4}{S(\beta - 1)} \right]$ 校准水下复杂声源。因此,只要测出水下复杂声源存在时的空间平均声压级,再减去校准常数 $10\lg \left[\frac{4}{S(\beta - 1)} \right]$,就可得到水下复杂声源的总辐射声功率。

3.2.2 指向性声源的辐射声功率测量

采用混响法测量偶极子声源、相干球形声源(同相位)及活塞形声源(UW350声源)的辐射声功率,通过与理论值(偶极子声源、同相位相干球形声源)及自由场测量结果(UW350声源)比较,验证混响法测量指向性声源的准确性。

偶极子声源及相干球形声源(同相位)的测量仍采用图 3 - 1 的测量系统,由PULSE(3560E)产生两路相位相反(或相位相同)的纯音信号经功率放大器(B&K2713)放大后加到两个球形换能器。调整功率放大器(B&K2713)的增益使两个球形声源的输出相等,使两个球形声源构成偶极子或同相位相干声源。测量每个球形声源单独工作及两球形声源构成偶极子或同相位相干声源时的辐射声功率,如图 3 - 18 所示。测量两球形声源距离为 0.17 m,发射纯音频率分别为 600 Hz,700 Hz 及 800 Hz(满足 $kl < 1$)时,每个球形声源及两球形声源构成偶极子或同位相干声源的辐射声功率,比较偶极子声源及同相位相干球形声源的辐射声功率。

参考 UW350 声源手册[116]，该声源在 1.6 kHz ~ 12.5 kHz 间具有指向性。采用图 3 – 19 所示的测量系统，由 PULSE(3160)模块产生白噪声信号经功率放大器（B&K2713）放大后加到两个球形换能器。在非消声水池混响控制区采用 8104 水听器通过大范围空间平均测量 UW350 声源的辐射声功率。

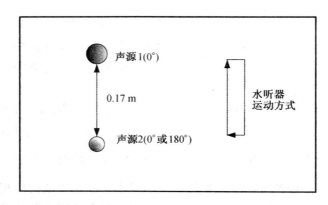

图 3 – 18 采用混响法测量偶极子及同相位相干球的辐射声功率

（水听器距声源 8.5 m）

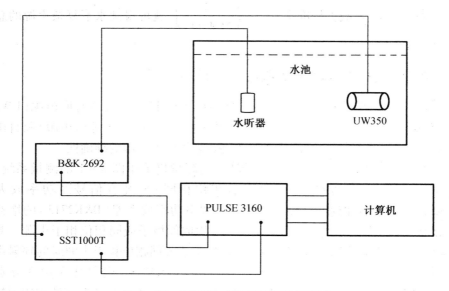

图 3 – 19 UW350 声源测量系统示意图

3.2.3　声源辐射声功率测量的叠加性验证

当两个球形声源间的距离较大($l = 2.2$ m)并符合 $kl \gg 1$ 时,满足声源的叠加性。仍采用图 3 - 1 所示的测量系统,由 PULSE(3560E)动态信号分析仪两路信号源通道产生的白噪声信号经功率放大器(B&K2713)放大后加到两个球形换能器。使两个球形声源分别工作,在非消声水池中采用混响法分别测量两球形声源单独工作时的辐射声功率;然后在保持分析仪信号源及功率放大器原有设置不变的情况下,使两个球形声源同时工作,再测量两球形声源同时工作时的辐射声功率,如图 3 - 20 所示。通过比较两球形声源同时工作的辐射声功率及两球形声源单独工作的辐射声功率之和,验证混响法测量声源辐射声功率的叠加性。

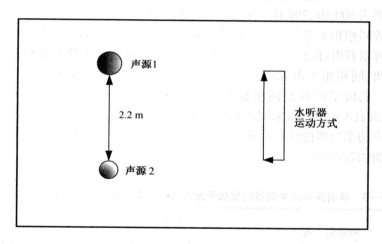

图 3 - 20　非消声水池中测量的两球形声源的辐射声功率

(水听器距声源 8.5 m)

3.2.4　测量结果及分析

1. 非消声水池中指向性声源辐射声功率的测量结果及分析

(1)偶极子及同相相干声源

若构成偶极子声源的每个球形声源的辐射声功率为 W_{01},偶极子声源的辐射声功率为 W_0。根据文献[98],当 $kl < 1$ 时

$$W_0/W_{01} = 1/(3k^2l^2) \tag{3 - 28}$$

式中,l 为构成偶极子的两声源间的距离。

由式(3 - 24)知:非消声水池中混响控制区测量的空间平均声压级与声源的辐

射声功率成固定的比例关系,若构成偶极子声源的单个声源及偶极子声源的空间平均声压级分别为$\langle L_{P01}\rangle$及$\langle L_{P0}\rangle$,则

$$\langle L_{P0}\rangle - \langle L_{P01}\rangle = L_{W0} - L_{W01} = 10\lg\left[1/(3k^2l^2)\right] \qquad (3-29)$$

若构成同相相干声源的单个声源的辐射声功率为W_{01},同相相干声源的辐射声功率为W_t。根据文献[98],当$kl\ll1$(两球形声源间距离很近或频率较低)时

$$W_t/W_{01} = 4 \qquad (3-30)$$

若非消声水池中混响控制区测量的单个声源及同相相干球形声源的空间平均声压级分别为$\langle L_{P01}\rangle$及$\langle L_{Pt}\rangle$,由式(3-24)可得

$$\langle L_{Pt}\rangle - \langle L_{P01}\rangle = L_{Wt} - L_{W01} \approx 6 \text{ dB} \qquad (3-31)$$

图3-21(a)(b)(c)分别为构成偶极子及同相相干声源的两个球形声源(发射纯音频率为600 Hz,700 Hz,800 Hz,两球形声源间距离为0.17 m)单独工作及构成偶极子或同相相干声源时在非消声水池混响控制区测量的空间平均声压级。由图3-21可以看出:偶极子声源的空间平均声压级明显小于单个球形声源的空间平均声压级;同相相干声源的空间平均声压级比单个声源的空间平均声压级大6 dB左右。偶极子声源及同相相干声源辐射声功率的测量值与理论值比较见表3-3。由表3-3可见,采用混响法并基于空间平均测量的偶极子及同相相干声源的辐射声功率与理论计算结果基本一致,从而验证了采用混响法可准确测量指向性声源的辐射声功率。

表3-3　非消声水池中测量的偶极子及同相相干声源辐射声功率与理论值比较

测量值工况	空间平均声压级/dB($l=0.17$ m)		
	600 Hz	700 Hz	800 Hz
球形声源1:L_{W01}	106.1	114.8	113.7
球形声源2:L_{W02}	106.2	114.6	113.6
偶极子L_{W0}	94.1	104.0	104.6
同相相干声源L_{Wt}	112.2	120.7	119.6
$L_{W0}-L_{W01}$测量值	-12.0	-10.8	-9.1
$L_{W0}-L_{W01}$理论值	-12.0	-10.7	-9.5
$L_{Wt}-L_{W01}$测量值	6.1	5.9	5.9
$L_{Wt}-L_{W01}$理论值	6.0	6.0	6.0

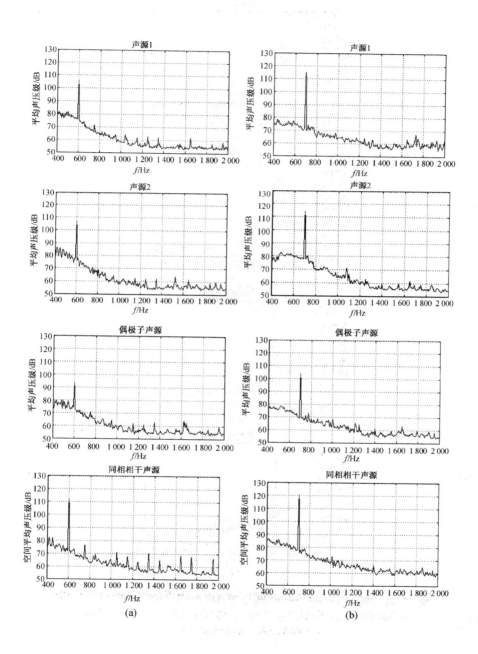

(a)　　　　　　　　　　　　　　　　(b)

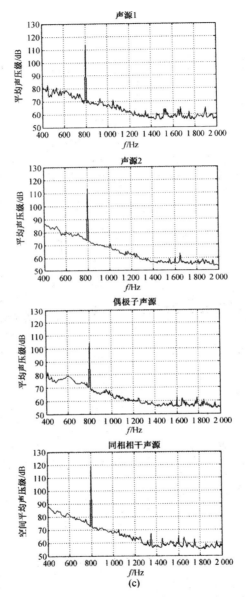

图 3-21　非消声水池中测量的偶极子及同相相干声源的空间平均声压级

(a)600 Hz,球形声源间距离 0.17 m;(b)700 Hz,球形声源间距离 0.17 m;

(c)800 Hz,球形声源间距离 0.17 m

（2）UW350 声源

UW350 声源为活塞形水下声源,其在 1.6 kHz ~ 8 kHz 间为指向性声源。通过混响法测量该声源在 1.6 kHz ~ 8 kHz 间的辐射声功率如图 3 - 22 所示,1.6 kHz ~ 20 kHz的总辐射声功率为 141.8 dB,3.15 kHz 频段的辐射声功率为 139.6 dB。根据 UW350 声源自由场声压级测量结果及厂家提供的声压级指向性数据,可计算其在 1.6 kHz ~ 20 kHz 间的辐射声功率。如图 3 - 23 所示,1.6 kHz ~ 8 kHz 的总辐射声功率为 141.6 dB,3.15 kHz 频段的辐射声功率为 138.6 dB。通过比较图 3 - 22 及图 3 - 23 可知,通过混响法测量的该指向性声源的辐射声功率与根据自由场声压级测量结果及厂家提供的指向性数据计算的该声源的辐射声功率基本一致,从而证明:采用混响法可准确测量水下复杂声源的辐射声功率。

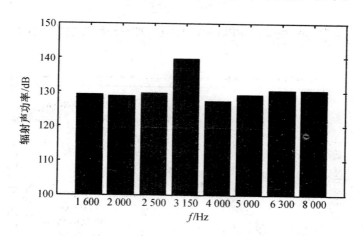

图 3 - 22　在非消声水池中测量的 UW350 声源的辐射声功率

2. 非消声水池中声源辐射声功率的叠加性验证

如图 3 - 24 所示,图中黑线及蓝线分别表示大球声源及小球声源单独工作测量的辐射声功率,红线表示两球单独工作时的辐射声功率之和,黄线表示两球同时工作时测量的辐射声功率。由图可以看出:红线与黄线几乎一致,说明两球单独工作测量的辐射声功率之和等于两球同时工作时的辐射声功率,从而验证了非消声水池中声源辐射声功率的叠加性。

当同相两球形声源间距离 $l = 2.2$ m,发射纯音频率为 $f = 1$ kHz 时,满足:$kl \gg 1$,根据文献[98],组合声源辐射声功率等于两个小球单独存在时的辐射声功率之和。

若组合声源的辐射声功率为 W_z,单个小球的辐射声功率为 W_{01},则

$$W_z / W_{01} = 2 \tag{3-32}$$

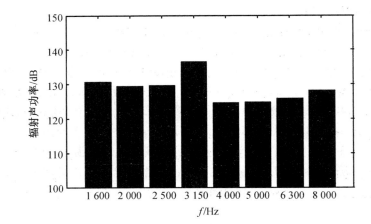

图 3 - 23 根据 UW350 声源自由场测量数据计算的辐射声功率

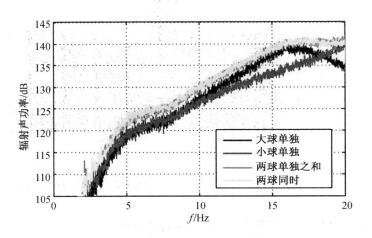

图 3 - 24 两球形声源工作时的辐射声功率

若此时非消声水池中混响控制区测量的单个球形声源及同相组合球形声源的
空间平均声压级分别为 $\langle L_{P01} \rangle$ 及 $\langle L_{Pz} \rangle$，由式(3 - 24)可得

$$\langle L_{Pz} \rangle - \langle L_{P01} \rangle = L_{Wz} - L_{W01} \approx 3 \text{ dB} \tag{3 - 33}$$

实际测量的 $l = 2.2$ m，发射纯音频率为 $f = 1$ kHz 的同相球形声源的叠加性测
量结果如图 3 - 25 所示。两球同时工作时的空间平均声压级为 123.6 dB，单个球
形声源的空间平均声压级分别为 120.7 dB 及 120.5 dB，满足式(3 - 33)，从而验证
了声源的叠加性。

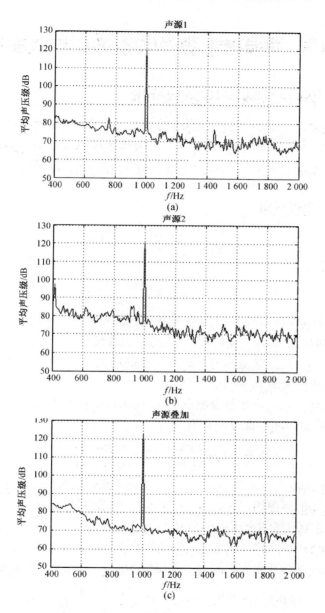

图 3 – 25　两球形声源叠加后的辐射声功率

($l = 2.2$ m，$f = 1$ kHz)

（a）声源 1；（b）声源 2；（c）两声源同时工作

3.3　非消声水池的尺度效应特性实验

3.3.1　非消声水池的尺度效应特性

非消声水池中在混响控制区所测量的空间平均声压级、混响声场所测量的空间平均声压级与自由场声源级间的修正量、信噪比及混响声场可测量的下限频率等都与非消声水池尺度有关,非消声水池的这种特性,称为非消声水池的尺度效应特性。

式(3－25)也可写成

$$\frac{\langle p^2 \rangle}{\rho_0 c_0} = W_0 \left[\frac{4(1 - \overline{\alpha})}{S \overline{\alpha}} \right] \tag{3－34}$$

上式也可以写成

$$L_P = L_{W0} + 10 \lg \left[\frac{4(1 - \overline{\alpha})}{S \overline{\alpha}} \right] \tag{3－35}$$

式中　L_P(dBre1μPa)——混响声场混响控制区测量的空间平均声压级;

L_{W0}(dBre0.67 × 10^{-18}W)——声源的声功率级。

由式(3－35)可见,随着非消声水池尺度的增大,在非消声水池混响控制区所测量的空间平均声压级 L_P 减小。

由式(3－11),非消声水池混响控制区所测空间平均声压级 L_P 与自由场声源级 SL 间的修正量 $10 \lg R_c$ 也可以写为

$$10 \lg R_c = 10 \lg \left(\frac{16\pi}{R_0} \right) = 10 \lg \left[\frac{16\pi(1 - \overline{\alpha})}{S \overline{\alpha}} \right] \tag{3－36}$$

令 $S_0 = 16\pi(1 - \overline{\alpha}) / \overline{\alpha}$,则当 $S = S_0$ 时,混响声场混响控制区测量的空间平均声压级等于自由场的声源级;当 $S > S_0$ 时,S 越大,混响声场至自由场的声压级修正量绝对值越大(混响声场的声压级小于自由场的声源级);当 $S < S_0$ 时,S 越小,混响声场至自由场的声压级修正量越大(混响声场的声压级大于自由场的声源级)。

若非消声水池的背景噪声级为一固定值 SPL_{BN},则非消声水池的信噪比为

$$\text{SNR} = L_P - \text{SPL}_{BN} = L_{W0} + 10 \lg \left[\frac{4(1 - \overline{\alpha})}{S \overline{\alpha}} \right] - \text{SPL}_{BN} \tag{3－37}$$

由式(3－37)可知:水池越大,S 越大,信噪比 SNR 越小。若 SNR > 10 dB,背景噪声对测量影响不大;若 SNR < 10 dB,则背景噪声就会对测量有一定影响。所以水池不能无限制增大,当水池大到不满足信噪比要求时,测量就失去了意义。

共振的平均半功率带宽为[38]

$$\overline{\Delta f_n} = \frac{\overline{\delta}}{\pi} \qquad (3-38)$$

式中，$\overline{\delta}$ 为平均阻尼常数。

只考虑斜向波，忽略轴向波及切向波，由式（2-13），三个简正波的带宽为

$$\Delta f = 3\,\frac{c_0^3}{4\pi V f^2} \qquad (3-39)$$

按照 Schroeder 的定义[17]，在 f_s（f_s 为截止频率）处，在一个共振的平均半功率带宽内平均有三个简正波，因此

$$f_s = \frac{\sqrt{3}}{2}\sqrt{\frac{c_0^3}{V\,\overline{\delta}}} \qquad (3-40)$$

平均阻尼常数与混响时间的关系为[38]

$$\overline{\delta} = \frac{6.9}{T_{60}} \qquad (3-41)$$

把式（3-41）代入式（3-40），得

$$f_s = 0.33\sqrt{\frac{\langle T_{60}\rangle c_0^3}{V}} \qquad (3-42)$$

把式（3-2）代入式（3-42），得

$$f_s = 0.33\sqrt{\frac{55.2c_0^2}{S\ln\left(\dfrac{1}{1-\overline{\alpha}}\right)}} \qquad (3-43)$$

由式（3-43）可知：水池越大，S 越大，可测量的 f_s 越低。

因此，非消声水池的尺度效应特性如下：

（1）非消声水池尺度越大，在非消声水池混响控制区所测量的空间平均声压级 L_p 越小。

（2）当 $S = S_0$ 时，混响声场混响控制区测量的声压级等于自由场的声源级；当 $S > S_0$ 时，S 越大，混响声场至自由场的声压级修正量绝对值越大（混响声场的声压级小于自由场的声源级）；当 $S < S_0$ 时，S 越小，混响声场至自由场的声压级修正量越大（混响声场的声压级大于自由场的声源级）。

（3）非消声水池的尺度越大，测量的信噪比越小。

（4）非消声水池越大，可测量的 f_s 越小。

3.3.2 尺度效应特性实验

仍采用图3-1的测量系统,分别在三种不同水池:大水池(25 m×15 m×10 m)、中水池(15 m×9 m×6 m)和小水池(12 m×5 m×4 m)中进行声源辐射声功率的测量。采用同样的声源及同样的功放增益,通过比较在不同水池中测量的空间平均声压级、混响声场混响控制区所测空间平均声压级与自由场声源级之间的修正量及可测量的截止频率总结非消声水池的尺度效应特性。

3.3.3 测量结果及分析

三种水池中混响控制区空间平均声压级的测量结果如图3-26所示。由图3-26可见,非消声水池中混响控制区测量的空间平均声压级及非消声水池可测量的截止频率与非消声水池的尺度有关,水池越大,空间平均声压级的测量值越小,可测量的截止频率越低。按式(3-42)计算的不同尺度水池的下限频率见表3-4。把表3-4中的结果与图3-26的测量结果比较,基本吻合。图3-27及图3-28所示为不同水池中测量得到的修正量及信噪比。由此可见:小水池(12 m×5 m×4 m)空间平均声压级的测量值与自由场测量的声源级接近,大水池及中水池的修正量都为负,随着水池尺度的增大,非消声水池的修正量绝对值增大;在声源的工作频段(3 kHz以上),不同水池测量的信噪比都大于30 dB,且随着水池尺度的增大,测量的信噪比降低。

表3-4 不同水池的下限频率

水池	规格	下限频率/Hz
大水池	25 m×15 m×10 m	150
中水池	15 m×9 m×6 m	300
小水池	12 m×5 m×4 m	600

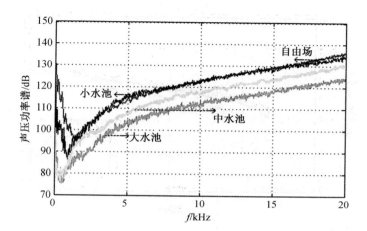

图 3 – 26　不同水池测量的空间平均声压功率谱比较

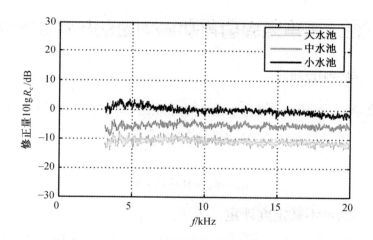

图 3 – 27　不同水池测量的修正量比较

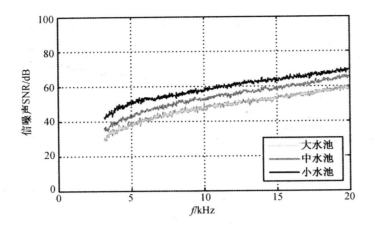

图 3－28　不同水池测量的信噪比

3.4　混响法声源辐射声功率测量的不确定度评定

3.4.1　数学模型

由式（2－49），可得出非消声水池中测量标准声源辐射声功率的公式如下：

$$L_W \approx L_P - 10\lg\left(\frac{4}{R_0}\right) \tag{3-44}$$

即

$$L_W = L_P + 10\lg R_0 - 6 \tag{3-45}$$

3.4.2　测量不确定度评定

非消声水池中声源辐射声功率测量的不确定度评定[117]分为以下两类：A 类评定和 B 类评定。A 类评定是由重复测量引起的，可以通过统计的方法进行评定；B 类评定是由测量系统本身或测量方法不完善等因素引起的，可以通过理论和经验分析的方法进行评定。

A 类不确定度评定一般是通过对样品 x_i 进行独立的 n 次测量，以测量平均值的实验标准偏差作为系统的 A 类不确定度分量，通过式（3－45）计算被测参数的 A 类测量不确定度。

$$u_A = \left[\frac{1}{n(n-1)}\sum_{i=1}^{n}(x_i - \bar{x})^2\right]^{1/2} \tag{3-46}$$

3.4.3　声源辐射声功率测量的不确定度分量

非消声水池中声源辐射声功率测量的不确定度来源有以下六种：

（1）非消声水池扩散声场不均匀性引起的声源辐射声功率测量的不确定度分量，属 A 类。

（2）非消声水池混响声场重复测量的标准偏差引起的声源辐射声功率测量的不确定度分量，属 A 类。

（3）非消声水池混响时间测量引起的声源辐射声功率测量的不确定度分量：

①仪器测量精度及读数误差引起的声源辐射声功率测量的不确定度分量，属 B 类；

②混响时间重复测量引起的声源辐射声功率测量的不确定度分量，属 A 类。

（4）非消声水池体积及表面积测量引起的声源辐射声功率测量的不确定度分量：

①测量非消声水池体积引起的声源辐射声功率测量的不确定度分量，属 A 类；

②测量非消声水池表面积引起声源辐射声功率测量的不确定度分量，属 A 类。

（5）在声源声功率计算中，因水温及水压而对水中声传播速度进行修正而引起的声源辐射声功率测量的不确定度分量，属 B 类。

（6）标准器校准水听器所引起的声源辐射声功率测量的不确定度分量：

①水听器校准腔及校准仪器不确定度引起的声源辐射声功率测量的不确定度，属 B 类；

②水听器检测装置的不确定性引起的测量结果不确定度，属 B 类。

3.4.4　合成不确定度及不确定度分量的灵敏度系数

由式（3 − 47）求得合成不确定度[118]：

$$u_{c}^{2}(L_{W}) = u_{cA}^{2}(L_{W}) + u_{cB}^{2}(L_{W}) = \sum_{i=1}^{6} \sum_{j=1}^{3} \left(\frac{\partial L_{W}}{\partial x_{ij}} \right)^{2} u^{2}(x_{ij}) \qquad (3-47)$$

式中　$u_{cA}^{2}(L_{W})$，$u_{cB}^{2}(L_{W})$——分别为声功率级 L_{W} 估计的 A 类及 B 类不确定度总方差；

$u^{2}(x_{ij})$——声功率级 L_{W} 公式（见式（3 − 44））中变量 x_{i} 的方差，可以为 A 类或 B 类方差，见 3.4.3 节中的分量；

$\partial L_{W}/\partial x_{ij}$——灵敏度系数；

$u_{c}(L_{W})$——合成不确定度。

根据 3.4.3 节的不确定度分类方法，可求得各分量的灵敏度系数如下：

（1）非消声水池扩散声场不均匀性不确定度分量灵敏度系数为

$$\frac{\partial L_W}{\partial x_1} = \frac{\partial L_W}{\partial L_P} = 1 \qquad (3-48)$$

（2）非消声水池混响声场重复测量的标准偏差不确定度分量灵敏度系数为

$$\frac{\partial L_W}{\partial x_2} = \frac{\partial L_W}{\partial L_P} = 1 \qquad (3-49)$$

（3）非消声水池混响时间测量分量灵敏度系数为

$$\frac{\partial L_W}{\partial x_{31}} = \frac{\partial L_W}{\partial x_{32}} = \frac{\partial L_W}{\partial T_{60}} = \frac{10}{R_0 \times \ln 10} \frac{\partial R_0}{\partial T_{60}} \qquad (3-50)$$

（4）非消声水池体积及表面积测量引起的声源辐射声功率测量的不确定度分量：

①测量水池体积引起的不确定度分量灵敏度系数为

$$\frac{\partial L_W}{\partial x_{41}} = \frac{\partial L_W}{\partial V} = \frac{10}{R_0 \times \ln 10} \frac{\partial R_0}{\partial V} = 0.008\ 34 \qquad (3-51)$$

②测量水池表面积引起的不确定度分量灵敏度系数为

$$\frac{\partial L_W}{\partial x_{42}} = \frac{\partial L_W}{\partial S} = \frac{10}{R_0 \times \ln 10} \frac{\partial R_0}{\partial S} = 0.005\ 7 \qquad (3-52)$$

（5）因水温及水压而对水的密度和水中声传播速度进行修正而引起的不确定度分量灵敏度系数为

$$\frac{\partial L_W}{\partial x_{52}} = \frac{\partial L_W}{\partial c_0} = \frac{10}{R_0 \times \ln 10} \frac{\partial R_0}{\partial c_0} = -0.003\ 5 \qquad (3-53)$$

（6）标准器校准水听器所引起的不确定度分量灵敏度系数：

①水听器校准腔及校准仪器不确定度引起的不确定度分量灵敏度系数为

$$\frac{\partial L_W}{\partial x_{61}} = \frac{\partial L_W}{\partial L_P} = 1 \qquad (3-54)$$

②水听器检测装置的不确定性引起的测量结果不确定度分量灵敏度系数为

$$\frac{\partial L_W}{\partial x_{62}} = \frac{\partial L_W}{\partial L_P} = 1 \qquad (3-55)$$

3.4.5　不确定度分量的不确定度计算

1. 非消声水池扩散声场不均匀性引起的声源辐射声功率测量不确定度

在相同条件下，将测量用水听器分别置于 5 个不同的位置，采用图 3 - 17 所示的声源辐射声功率测量系统在非消声水池 5 个不同位置测量的 UW350 声源空间平均声压级数据见表 3 - 5。

表 3 - 5 在混响水池中 5 个不同位置测量的空间平均声压级及不确定度

中心频率 /Hz	空间平均声压级/dB						不确定度 $u(x_1)$/dB
	位置1	位置2	位置3	位置4	位置5	平均	
200	121.50	124.91	124.18	123.02	121.26	122.98	0.72
250	125.16	126.83	121.84	123.96	128.41	125.24	1.14
315	123.04	123.36	123.79	126.67	128.36	125.05	1.05
400	125.28	125.25	124.98	124.25	126.68	125.29	0.40
500	123.69	124.73	125.56	126.14	123.70	124.76	0.49
630	123.73	127.08	127.16	124.54	122.81	125.06	0.88
800	123.63	124.49	125.32	124.21	120.1	123.55	0.90
1 000	127.58	128.55	127.67	126.93	123.12	126.77	0.95
1 250	125.36	125.36	126.24	125.75	122.27	124.99	0.70
1 600	123.43	123.85	124.42	124.34	121.74	123.56	0.49
2 000	123.07	123.16	122.87	123.38	122.54	123.01	0.14
2 500	123.46	123.09	121.83	122.82	122.83	122.81	0.27
3 150	127.67	127.92	127.57	127.11	127.7	127.59	0.13
4 000	118.13	118.44	118.58	118.03	118.34	118.31	0.10
5 000	120.86	120.80	120.93	20.50	120.57	120.73	0.08
6 300	120.43	120.67	120.45	120.56	120.7	120.56	0.05
8 000	121.44	121.54	121.41	121.40	121.44	121.45	0.03
10 000	124.72	124.80	124.54	124.44	123.88	124.48	0.16

则标准不确定度为

$$u(x_1) = \sqrt{\sum_{i=1}^{n_1} \frac{(L_P(i) - \overline{L_P})^2}{n_1(n_1 - 1)}} \quad (n_1 = 5) \quad (3-56)$$

计算结果也见表 3 - 5。

2. 混响声场重复测量的标准偏差引起的声源辐射声功率测量不确定度

在同等条件下,在同一位置(相同高度及范围的空间平均)重复测量 UW350 声源的辐射声功率 5 次,测量的空间平均声压级数据见表 3 - 6。按式(3 - 47)计算的不确定度结果也见表 3 - 6。

表3-6   在水池中相同位置不同次测量的空间平均声压级及不确定度

中心频率 /Hz	空间平均声压级/dB						不确定度 $u(x_2)$/dB
	1	2	3	4	5	平均	
200	123.90	124.07	124.05	124.32	124.04	124.08	0.07
250	121.79	121.48	121.33	121.64	121.54	121.56	0.08
315	123.82	123.98	123.98	124.05	123.85	123.93	0.04
400	124.95	125.01	125.08	125.15	125.11	125.06	0.03
500	125.65	125.66	125.56	125.69	125.58	125.63	0.02
630	127.00	126.95	127.11	127.07	127.32	127.09	0.07
800	125.24	125.33	125.24	125.14	125.38	125.26	0.04
1 000	127.77	127.74	127.69	127.7	127.57	127.69	0.03
1 250	126.22	126.31	126.38	126.3	126.21	126.29	0.03
1 600	124.52	124.35	124.41	124.66	124.41	124.47	0.05
2 000	122.97	122.84	122.86	122.8	122.95	122.88	0.03
2 500	121.93	121.78	121.79	121.67	121.77	121.79	0.04
3 150	127.43	127.69	127.56	127.6	127.57	127.57	0.04
4 000	118.77	118.72	118.61	118.60	118.43	118.63	0.06
5 000	120.90	121.05	120.97	121.01	120.77	120.94	0.05
6 300	120.49	120.29	120.46	120.42	120.41	120.42	0.03
8 000	121.44	121.48	121.48	121.51	121.30	121.44	0.04
10 000	124.49	124.54	124.49	124.67	124.51	124.54	0.03

3. 非消声水池混响时间不确定性测量引起的声源辐射声功率测量不确定度

（1）仪器测量精度及读数误差引起的声源辐射声功率测量的不确定度

$$u(x_{31}) = 0.01/\sqrt{3} = 0.006 \text{ s} \tag{3-57}$$

（2）混响时间重复测量引起的声源辐射声功率测量的不确定度

在水池中不同位置测量混响时间的不确定性会引起声源辐射声功率测量的不确定度。为此，在水池中选择5个不同的位置，分别测量其混响时间，测量结果见表3-7。按式（3-56）计算混响时间测量的不确定度，混响时间测量的不确定度也见表3-7。

以上两个分量相互独立，则

$$u(x_3) = \sqrt{\sum \left[\frac{\partial L_W}{\partial x_{3j}} u(x_{3j}) \right]^2} \qquad (3-58)$$

按式(3-58)可求得混响时间测量引起的不确定度 $u(x_3)$，见表3-8。

表3-7　非消声水池中5个不同位置测量的混响时间及不确定度

中心频率 /Hz	混响时间/s						不确定度 $u(x_{32})$/s
	位置1	位置2	位置3	位置4	位置5	平均	
200	0.27	0.26	0.20	0.28	0.22	0.25	0.016
250	0.21	0.27	0.22	0.20	0.16	0.21	0.018
315	0.21	0.22	0.21	0.17	0.20	0.20	0.008
400	0.24	0.22	0.22	0.23	0.24	0.23	0.005
500	0.26	0.29	0.26	0.29	0.23	0.27	0.012
630	0.31	0.20	0.29	0.30	0.36	0.29	0.025
800	0.37	0.43	0.46	0.37	0.46	0.42	0.020
1 000	0.60	0.67	0.68	0.72	0.86	0.71	0.044
1 250	0.85	1.09	1.31	0.91	1.12	1.06	0.081
1 600	1.31	1.26	1.25	1.22	1.33	1.28	0.021
2 000	0.63	0.69	0.76	0.72	0.77	0.71	0.025
2 500	0.67	0.54	0.61	0.69	0.62	0.62	0.026
3 150	0.28	0.28	0.29	0.25	0.26	0.27	0.008
4 000	0.44	0.39	0.41	0.43	0.47	0.43	0.013
5 000	0.43	0.42	0.46	0.40	0.39	0.42	0.012
6 300	0.30	0.29	0.29	0.27	0.27	0.29	0.005
8 000	0.35	0.32	0.31	0.31	0.30	0.32	0.009
10 000	0.24	0.21	0.22	0.23	0.22	0.22	0.005

表 3 - 8   混响时间测量不确定性引起的辐射声功率测量的不确定度

中心频率/Hz	不确定度 $u(x_3)$/dB	中心频率/Hz	不确定度 $u(x_3)$/dB	中心频率/Hz	不确定度 $u(x_3)$/dB
200	0.39	800	0.25	3 150	0.17
250	0.56	1 000	0.30	4 000	0.16
315	0.28	1 250	0.36	5 000	0.15
400	0.13	1 600	0.07	6 300	0.11
500	0.27	2 000	0.17	8 000	0.15
630	0.50	2 500	0.21	10 000	0.13

4. 非消声水池体积测量不确定性引起的声源辐射声功率测量的不确定度

(1)测量水池体积引起的声源辐射声功率测量的不确定度

分别对水池体积进行 5 次测量,按式(3 - 47)可求出其不确定度分量为

$$u(x_{41}) = 0.204 \text{ m}^3$$

(2)测量水池表面积引起的声源辐射声功率测量的不确定度

同样分别对水池内表面积进行 5 次测量,按式(3 - 47)可求出其不确定度分量为

$$u(x_{42}) = 0.107 \text{ m}^2$$

以上两个分量相互独立,则

$$u(x_4) = \sqrt{\sum \left[\frac{\partial L_W}{\partial x_{4j}} u(x_{4j}) \right]^2} = 0.002 \text{ dB}$$

5. 因水温及水压而对水中声传播速度进行修正而引起的声源辐射声功率测量的不确定度

若水温及水压变化引起的水中声传播速度的变化为 1% ,则

$$u(x_5) = \sqrt{\sum \left[\frac{\partial L_W}{\partial x_{5j}} u(x_{5j}) \right]^2} = 0.03 \text{ dB}$$

6. 标准器校准水听器所引起的声源辐射声功率测量的不确定度

(1)水听器校准腔及校准仪器不确定度引起的声源辐射声功率测量的不确定度

根据校准器上级证书,给出其不确定度为

$$u(x_{61}) = 0.04 \text{ dB}$$

（2）水听器检测装置的不确定性引起的测量结果不确定度

根据水听器检测装置上级证书，给出其不确定度为

$$u(x_{62}) = 0.2 \text{ dB}$$

以上两个分量相互独立，则

$$u(x_6) = \sqrt{\sum \left[\frac{\partial L_W}{\partial x_{6j}} u(x_{6j})\right]^2} = 0.2 \text{ dB}$$

3.4.6　测量不确定度评定

经检查，3.4.5 节中计算的 6 个分量相互独立，由式（3 - 47）可计算合成不确定度（见表 3 - 9）。从表中可以看出：200 Hz ~ 10 kHz 频段，采用混响法测量水下声源辐射声功率的不确定度不超过 1.5 dB。

表 3 - 9　非消声水池中声源辐射声功率测量的合成不确定度

中心频率/Hz	不确定度 u_c/dB	中心频率/Hz	不确定度 u_c/dB	中心频率/Hz	不确定度 u_c/dB
200	0.84	800	0.96	3 150	0.30
250	1.28	1 000	1.01	4 000	0.28
315	1.11	1 250	0.81	5 000	0.27
400	0.46	1 600	0.54	6 300	0.24
500	0.59	2 000	0.30	8 000	0.26
630	1.04	2 500	0.40	10 000	0.29

3.5　本章小结

通过在非消声水池中采用混响法测量水下复杂声源辐射声功率的研究结果表明：

（1）在非消声水池（壁面吸声系数 $\bar{\alpha} > 0.2$，平均反射系数在 0.7 ~ 0.9 之间）条件下采用混响法通过空间平均也可以测量声源的辐射声功率。通过在非消声水池中混响控制区测量空间平均声压级并基于混响声场的校准，可得到水下声源的辐射声功率；采用混响法测量的标准声源辐射声功率与自由场测量结果相差不超过 1 dB。

（2）空间平均可消除简正波的干涉，使测量结果准确可靠；空间平均范围越

大,效果越好;若同时对声源进行空间平均,效果更好。

(3)由于边界的影响,造成水池(或水箱)中沿壁面附近区域及中部区域测量的低频段声源的辐射声功率存在差异,采用非刚性壁面的扩展 Waterhouse 校正或绝对软或绝对硬边界的统计平均校正可校正边界的影响。绝对软边界声源辐射声功率校正后的结果与自由场测量结果之间相差不超过 1 dB。

(4)在非消声水池中可准确测量指向性声源的辐射声功率。测量的偶极子、同相球形声源的辐射声功率与理论值基本一致,测量的活塞形声源(UW350)的辐射声功率与自由场中测量的辐射声功率基本一致。

(5)在非消声水池中测量的多个声源的辐射声功率满足声源的叠加性。测量的两球形声源的辐射声功率等于每个声源单独作用的声功率之和。

(6)非消声水池越大,可测量的声源截止频率越低,在混响控制区测量的空间平均声压级、修正量及信噪比越低,因此需根据声源测量的频率要求选择合适的水池。

(7)采用混响法可较准确地测量出声源的辐射声功率,且测量的不确定度不超过1.5 dB。

第4章　混响箱法测量水下翼型结构的流噪声

为测量流激水下翼型结构的流噪声,我们提出了一种混响箱测量方法。在重力式水洞中搭建了一套实验测量系统,利用混响箱法测量了水下翼型结构模型的辐射声功率。在此基础上研究了水下翼型结构的流噪声特性。结果表明:当流速小于 5 m/s 时,辐射声功率随流速的 6 次方增长,符合偶极子的辐射规律;当流速大于5 m/s 时,辐射声功率随流速的 10±1 次方规律增长,不再按偶极子的规律辐射。此测量方法可为水洞环境下测量水下结构模型的流噪声提供参考。

4.1　水下翼型结构的流噪声

当水下航行体的航速较高时,会导致水下翼型结构产生流噪声。一般来说,流噪声作为水下航行体的三种主要噪声源之一,其强度随航速增加而迅速增加,辐射声功率正比于航速的 5~7 次方[119]。而且,随着机械噪声和螺旋桨噪声的有效控制,流噪声的作用日益突出。

由于飞机、火箭应用的需要,空气中流激翼型结构产生的流噪声已有大量实验测量结果。实验研究和理论研究相辅相成,极大地推进了空气中流激翼型结构流噪声机理和预报方法的研究。流激水下翼型结构的实验研究较少,虽有一些实验测量结果,但基本上是将水听器加导流罩固定于水洞内流场中或将水听器悬挂于水洞壁外的储水盒内测量辐射噪声[102-103]。由于水听器受声场畸变影响,以上测量措施无法准确反映流激水下翼型结构的功率谱特征及流噪声特性。

混响室是空气声学研究中经常使用的实验测量标准装置,其理论发展较成熟,广泛应用于不规则复杂结构的辐射声功率测量。目前混响法虽在水下简单高频声源的辐射声功率测量中开始应用,但未发现采用混响法测量水下翼型结构的辐射声功率。文献[106]表明,可利用混响法测量单个声源的辐射声功率;这同时也表明,可利用混响法测量水下翼型结构的辐射声功率。

水下翼型结构的流噪声实际上包括两部分,一部分是结构周围流场本身产生的噪声,另一部分是流激结构振动产生的噪声。前面一部分中包括湍流边界层压力起伏、涡发放等产生的噪声。虽然湍流脉动压力的直接声辐射是四极子型的,对辐射噪声贡献不大,但是界面的存在增强了辐射噪声,此时的声辐射是偶极子型的,辐射声功率随流速的 6 次方增加。Blake[120] 通过测量水下翼型结构尾端有脱出涡时的振动响应发现:当脱出涡的频率等于结构的共振频率时,水下翼型结构出现唱音,此时的结构振动响应比湍流边界层激励的响应大 50 dB。因此,需要进行水下翼型结构的流噪声实验对此展开深入研究。本章采用混响法在水洞混响箱中测量流激水下翼型结构模型的辐射噪声,进而分析其流噪声特性。

4.2　混响箱中声源辐射声功率测量原理

混响箱壁面为钢质壁面($\bar{\alpha} \ll 1$),因此式(2 - 50)可表示为

$$R_0 = S\,\bar{\alpha} \qquad\qquad (4-1)$$

$\bar{\alpha} \ll 1$ 时,式(3 - 2)可简化为

$$T_{60} = \frac{55.2V}{C_0 S \bar{\alpha}} \qquad\qquad (4-2)$$

把式(4 - 2)代入式(4 - 1),则

$$R_0 = \frac{55.2V}{T_{60} C_0} \qquad\qquad (4-3)$$

把式(4 - 2)代入式(2 - 71),可得

$$\frac{\langle p^2 \rangle}{\rho_0 c_0} = W_0 \left(\frac{T_{60} C_0}{13.8V} \right) \qquad\qquad (4-4)$$

上式也可写成

$$L_W = L_P - 10\lg\left(\frac{T_{60} C_0}{13.8V} \right) \qquad\qquad (4-5)$$

式中　L_W——声源的总声功率级($\mathrm{dBre}0.67 \times 10^{-18}\,\mathrm{W}$);

$\quad\quad\ L_P$——混响箱的空间平均声压级($\mathrm{dBre}1\,\mu\mathrm{Pa}$)。

式中的 $10\lg[T_{60}C_0/(13.8V)]$ 为校准量,表示在混响箱中混响控制区测量的空间平均声压级与声源声功率级间的差值,该量只与混响箱特性有关而与声源无关,可通过在混响箱中利用标准声源校准得到。因此,只要测出混响箱中混响控制区的空间平均声压级,再减去校准常数 $10\lg[T_{60}C_0/(13.8V)]$,就可得到声源的辐射声功率。

4.3　流激水下翼型结构模型辐射声功率测量

4.3.1　水下翼型结构模型流噪声测量系统

哈尔滨工程大学水声技术重点实验室的重力式水洞由上水箱、下水池、管道系统、工作段及各种阀门构成。利用重力式水洞现有条件,搭建流激水下翼型结构模型流噪声测量系统,如图4-1所示。采用黄铜材料加工翼型结构模型,模型的厚度为1.5 mm,模型的几何结构如图4-2所示。测量模型辐射声功率用的矩形混响箱尺寸为1.7 m×1.8 m×2.3 m,由6 mm厚的钢板焊成,内涂环氧沥青漆。水洞中水的流速通过专门的控制台来控制,通过不同的按钮组合可产生不同的流速,流速控制范围为1~14 m/s。

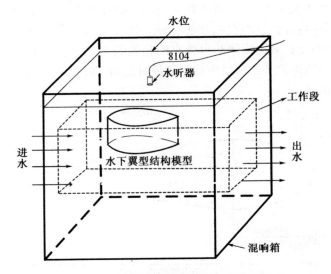

图4-1　水下翼型结构模型流噪声测量系统

4.3.2　水洞混响箱的混响声场特性

水洞中的混响声场建立是通过混响箱壁面对声波的反射实现,混响声场中的声源来自工作段中流激水下翼型结构产生的流噪声。由于水洞工作段壁面由有机玻璃材料构成,其阻抗与水比较接近,入射至工作段壁面的声波几乎全部透射至混响箱中,反射的声波很少,因此工作段中的波导效应不明显。水洞工作段两端的管道不封闭,会造成声能泄漏,增加声能的损失,但考虑混响箱装水至 2 m 时的总截面积 $S = 17.06$ m²(不包括上表面),工作段两端管道的总截面积为 $\Delta S = 0.32$ m²,管道截面占混响箱总截面的比例不足 2%,因此管道泄漏的声能只占混响箱中总声能的很小比例,而且通过在工作段中对标准声源的校准可以对此进行修正。

由于混响室壁面与水的阻抗比远小于混响室壁面与空气的阻抗比,所以同样壁面、同样体积的水下混响室壁面对声波的吸收比空气中的混响室大,导致水下混响室中声能衰减快。因此水下混响室中测量的混响时间短,混响半径大,空间平均所使用的混响控制区变小,混响声场条件不如空气中的混响室。水洞混响箱通过以下措施改善其混响声场条件:混响箱的上边界为自由边界,对声波几乎没有吸收;混响箱的壁面由薄钢板构成,外面是空气,接近自由边界,所以混响箱壁面对声波的吸收也很小;混响箱底部为砖混结构,对声能有一定吸收,但由于其只占混响箱总截面的1/6,不会对混响箱的混响声场有太大影响。

混响箱一般装水至 2 m 高,可计算出混响箱的体积 $V = 6.12$ m³。混响箱测量的下限频率与混响箱的尺度有关,根据文献[17],可求得本实验所用混响箱的下限频率约为 2 004 Hz。根据流体动力噪声的相似关系[121],在混响法有效测量频段进行的水下翼型结构模型的辐射声功率测量对总结实际水下翼型结构的流噪声特性仍具有重要意义。

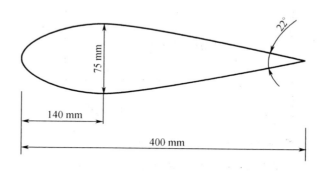

图 4 - 2 模型的几何结构

4.3.3　混响时间的测量

混响时间的测量系统如图4－3所示,由 PULSE 动态信号分析仪中的信号源产生的白噪声信号经过功率放大器放大后加到发射换能器,稳定后断开信号源,系统采用自动触发方式,被测信号下降 5 dB 时系统自动开始记录,然后根据采集的数据计算出混响时间。

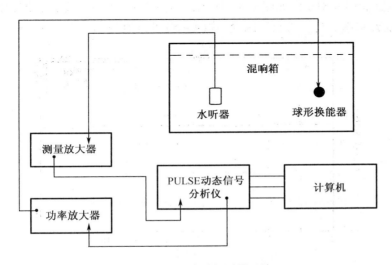

图4－3　混响时间测量系统

4.3.4　流激水下翼型结构模型辐射声功率测量

将水下翼型结构模型安装于水洞的工作段中。通过控制台控制水的流速,使水洞产生不同的流速冲击模型,当水流稳定时,开始进行辐射噪声测量。按式(4－5),水下翼型结构的辐射声功率通过测量空间平均声压级得到,空间平均声压级通过对水听器的空间扫描移动,同时 PULSE 分析仪做上百次谱平均获得[106]。水听器测量点的位置应尽量接近混响箱壁的混响控制区,使水听器与声源间的距离远大于混响半径,以便获得稳定的测量结果。分别测量不同参数模型的辐射噪声并比较其区别。测量的空间平均声压级的参考值为 1μPa,测量的声源声功率级参考值为 0.67×10^{-18}W。

4.4 测量结果及分析

4.4.1 混响时间的测量结果

按4.3.3节测量的混响箱的混响时间见表4-1。据此可求出混响箱的校准常数 $10\lg[T_{60}C_0/(13.8V)]$，如图4-4所示。由图4-4可以看出：校准常数随频率变化不明显，基本上是一常数。因此，式(4-5)可近似为 $L_P \approx L_W + 56.6$。

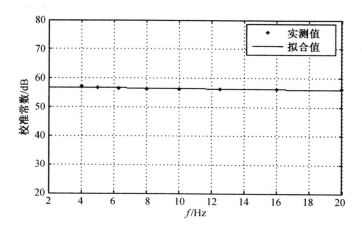

图4-4 混响箱的校准常数

根据表4-1中的混响时间，根据文献[106]，可计算出混响半径 $r_h \approx 0.16$ m。水下翼型结构的流噪声主要为偶极子和四极子源，指向性不是太尖锐，测量水下翼型结构模型的流噪声可以在与声源距离 $r > 1$ m 的混响控制区进行。

表4-1 混响时间测量结果

f/kHz	≤4	5	6.3	8
T_{60}/s	0.213	0.211	0.210	0.209
f/kHz	10	12.5	16	20
T_{60}/s	0.208	0.208	0.208	0.208

4.4.2　标准声源辐射声功率的混响法与自由场测量结果比较

按4.3.3节在混响箱中的混响控制区测量出标准声源的空间平均声压级,并根据4.4.1节测量的混响时间,按式(4-5)可得到该球形声源的辐射声功率。使信号源及放大倍数不变,在消声水池中采用自由场法测量该声源的辐射声功率。两种方法的测量结果比较如图4-5所示。由图4-5可以看出:两种方法测量结果相差不大,由此可以证明:在水洞混响箱中采用混响法测量声源的辐射声功率是有效的。

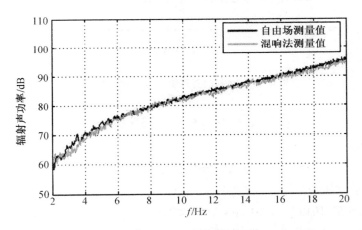

图4-5　混响法与自由场法测量的标准声源辐射声功率对比

4.4.3　水下翼型结构模型辐射声功率测量结果

在进行流激水下翼型结构辐射声功率测量之前,测试了水洞静态下及不装模型不同流速下的背景噪声,9 m/s流速下的背景噪声与实测噪声对比如图4-6所示,可见:在频率小于5 kHz时,实测噪声比静态背景噪声高45 dB以上,比不装模型9 m/s流速下的动态背景噪声高12~20 dB。因此,可忽略背景噪声的影响。

采用图4-2(a)的薄翼型结构,由于尾端的夹角大于15°,所以尾端会有脱出涡产生。另外,此次实验的最大流速为$V_\infty = 9$ m/s,在此流速以下,不会产生空化。其原因如下:实验所采用的翼型结构可近似为NACA翼型,厚度与弦长之比$h/c = 0.187\ 5$,根据文献[120]可知,临界空泡数$K_i < 1$,水洞的水箱的高度$H = 18$ m,实验流速$V_\infty = 10$ m/s时,模型表面压力为

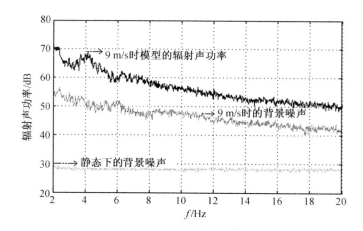

图 4 – 6 水洞的背景噪声与实测噪声对比

$$p_\infty = \rho g H - 0.5\rho V_\infty^2 \approx 1.26 \times 10^5 \text{kg/m}^2$$

故实际空泡数

$$K = (p_\infty - p_v)/(0.5\rho V_\infty^2) \approx p_\infty/(0.5\rho V_\infty^2) \approx 2.52$$

式中,p_v 为蒸汽压力。

因为 $K > K_i$,所以 $V_\infty = 10$ m/s 流速时不会空化。我们实验的流速范围(V_∞ 在 $1 \sim 9$ m/s 之间)不会产生空化,实验观察也证实了这一点。

在混响箱中测量的典型流速下的流激水下翼型结构模型的辐射声功率如图 4 – 7 所示。由图 4 – 7 可知:水下翼型结构模型的辐射声功率谱是在宽带连续谱基础上叠加部分低频线谱,且随着流速的增大,水下翼型结构模型的辐射声功率也增大。

对不同流速的辐射声功率求和,可得到不同流速的总辐射声功率。建立总辐射声功率与流速的关系如图 4 – 8 所示。从图 4 – 8 可知:当流速小于 5 m/s(雷诺数 $Re < 2 \times 10^6$)时,流噪声与流速的 6 次方成正比,符合偶极子的辐射规律;当流速大于 5 m/s($Re > 2 \times 10^6$)时,翼型结构周围为完全湍流流场,此时水下翼型结构尾边脱出涡的作用比较明显,在湍流脉动压力及尾边脱出涡的共同作用下,流噪声不再按流速的 6 次方规律变化,而是按与流速的 10 ± 1 次方的规律增长。

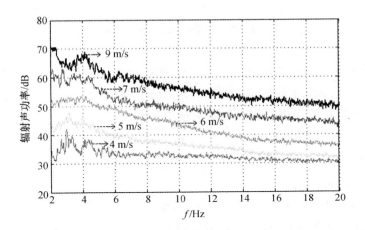

图 4 - 7　不同流速下测量的辐射声功率

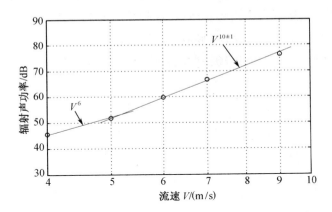

图 4 - 8　不同流速下的总辐射声功率

4.5　本　章　小　结

通过在水洞中搭建相应的流激水下翼型结构辐射声功率测量系统,在此基础上采用混响箱法测量了流激水下翼型结构的辐射噪声,结果表明:

(1)在水洞中采用混响箱法测量流激水下翼型结构的辐射声功率,由于在测量中水听器离运动流体较远,可以避免湍流边界层压力起伏及尾边脱出涡对水听器形成的声场畸变;而且通过声场的校准,可以较准确地得到流激水下翼型结构的辐射声功率,进而反映其流噪声特性。

(2)当流速小于 5 m/s 时,流噪声与流速的 6 次方成正比,符合偶极子的辐射规律;当流速大于 5 m/s 时,水下翼型结构尾边脱出涡的作用比较明显,在湍流脉动压力及尾边脱出涡的共同作用下,流噪声按与流速的 10 ± 1 次方的规律增长。

(3)与同样尺度的非消声水池(水泥或瓷砖壁面)比较,混响箱壁面由薄钢板构成,外面为空气,接近自由边界。所以,混响箱壁面对声波的吸收较小,混响箱内的混响声场特性明显优于非消声水池(水泥或瓷砖壁面),更接近空气中的混响室。为改进混响声场的混响声场特性,建议参照混响箱结构设计水下混响室。

参 考 文 献

［1］伏同先,张国良.我国潜艇辐射噪音测量中若干问题的探讨［J］.船舶力学,
　　2007,11（1）:152-158.

［2］章林柯,何琳,朱石坚.潜艇主要噪声源识别及贡献比计算方法综述.第十届船
　　舶水下噪声学术讨论会论文集［C］.烟台:中国造船工程学会,2005.

［3］钟祥璋.建筑吸声材料与隔声材料［M］.北京:化学工业出版社,2005:23-27.

［4］GBJ47-83.混响室法吸声系数测量规范［M］.北京:中国建筑工业出版社,
　　1998:1-10.

［5］MORSE P M,INGARD K UNO. Theoretical Acoustics［M］. New York:McGraw-Hill
　　Inc,1967:554-599.

［6］LIU YONGWEI,LI QI. Research on the coefficient of sound absorption in turbid wa-
　　ter［J］. The Journal of Marine Science and Application,2008,7（2）:135-138.

［7］国外声学成果.混响室中扩散体的总面积和测得的吸声系数［J］.声学学报,
　　1985,10:61-64.

［8］贺加添.混响室法测量材料吸声系数的有效性［J］.烟台大学学报（自然科学与
　　工程版）,1995: 65-72.

［9］周启君,刘克,冯涛.管道中测量材料的声学性能［J］.声学技术增刊,2006,25:
　　71-72.

［10］易文胜.大面积吸声构件吸声系数的低频测量［J］.声学与电子工程,2006,
　　81:12-14.

［11］姬培锋,杨军,李晓东.基于指向性声源的吸声系数测量［J］.声学技术增刊,
　　2006,25:71-72.

［12］张武威,汤伟红.混响室法测定吸声系数计算误差分析［J］.声频工程,2007,
　　31:14-19.

［13］叶江涛,刘岩,张晓排.混响室中不同试件面积对吸声系数的影响研究［J］.噪
　　声与振动控制,2009:134-136.

[14] 朱从云,黄其柏.基于特性阻抗的测量吸声系数的一种新方法[J].机械设计与制造,2008:154-158.

[15] 芮元勋,蒋国荣.声场计算机模拟中吸声系数的修正[J].声频工程,2008,32:9-11.

[16] NUTTER DAVID B,LEISHMAN TIMOTHY W. Measurement of sound power and absorption in reverberation chambers using energy density[J]. J. Acoust. Soc. Am,2007,121(5):2700-2707.

[17] KUTTRUFF H. Room Acoustics[M].3rd ed,New York:Applied Science,1991.

[18] PIERCE A D. Acoustics[M]. New York:Acoustical Society of America,1989.

[19] CREMER L,MULLER H A. Principles and Applications of Room Acoustics[M]. New York:Applied Science,1978.

[20] KINSLER L E,et al. Fundamentals of Acoustics[M].3rd ed. New York:Wiley,1982.

[21] SABINE W C. Collected Papers on Acoustics[M]. Harvard press,1922,44.

[22] EYRING C F. Reverberation Time Measurements in Coupled Rooms[J]. J. Acoust. Soc. Am,1931,3(2),181-206.

[23] SABINE W C. Collected Papers on Acoustics(Dover,New York)[J]. 1964:245-246.

[24] LUBMAN D. Spatial Averaging in Sound Power Measurements[J]. J. Sound Vib,1971,16(1):43-58.

[25] EBBING C E. Experimental Evaluation of Moving Sound Diffusers for Reverberation Rooms[J]. J. Sound Vib,1971,16(1):99-108.

[26] BOLT R H. Frequency Distribution of Frequency in a Three-dimensional Continuum[J]. J. Acoust. Soc. Am,1938,10(3):228-234.

[27] BOLT R H,ROOP R W. Frequency Response Fluctuations in Rooms[J]. J. Acoust. Soc. Am,1950,22(2):280-289.

[28] SEPMEYER L W. Computed Frequency and Angular Distribution of the Normal Modes of Vibration in Rectangular Rooms[J]. J. Acoust. Soc. Am,1965,37(3):413-423.

[29] SCHREODER M R. Frequency-Correlation Functions of Frequency Responses in Rooms[J]. J. Acoust. Soc. Am,1962,34(12):1819-1823.

[30] MAILING C G. Computer Studiew of Mode-Spacing Statistics in Reverberation

Rooms[J]. J. Sound Vib,1971,16(1):79-87.

[31] COOK R K. Measurement of correlation Coefficients in Reverberant Sound Fields [J]. J. Acoust. Soc. Am,1955,27(6):1072-1077.

[32] BALACHANDRAN C G. Random sound field in reverberant chambers[J]. J. Acoust. Soc. Am,1959,31:1319-1321.

[33] SCHROEDER M R. Measurement of sound diffusion in reverberation chambers [J]. J. Acoust. Soc. Am,1959,31:1407-1414.

[34] LUBMAN D. Traversing microphone spectroscopy as a means for assessing diffusion[J]. J. Acoust. Soc. Am,1974,56:1302-1304.

[35] KOYASU M,YAMASHITA M. Evaluation of the degree of diffuseness in reverberation chambers by spatial correlation technique[J]. Acoust. J. Jpn,1971,26:132-143.

[36] TOHYAMA M,SUZUKI A,YOSHIKAWA S. Correlation coefficients in a rectangular reverberation room[J]. Acustica ,1977,39:51-53.

[37] TOHYAMA M,SUZUKI A,YOSHIKAWA S. Correlation coefficients in a rectangular reverberation room experimental results[J]. Acustica ,1979,42:184-186.

[38] MORROW C T. Point-to-point correlation of sound pressure in reverberation chamber [J],J. Sound Vib,1971,16:29-42.

[39] BLAKE W K,WATERHOUSE R V. The use of cross-spectral density measurements in partially reverberant sound fields[J]. J. Sound Vib,1977,54:589-599.

[40] CHIEN C F,SOROKA W W. Spatial cross-correlation of acoustic pressures in steady and decaying reverberant sound fields[J]. J. Sound Vib,1976,48:235-242.

[41] CHU W T. Spatial cross-correlation of reverberant sound fields[J]. J. Sound Vib, 1979,62:309-311.

[42] CHU W T. Comments on the coherent and incoherent nature of a reverberant sound field[J]. J. Acoust. Soc. Am,1981,69:1710-1715.

[43] WATERHOUSE R V. Statistical properties of reverberant sound fields[J]. J. Acoust. Soc. Am,1968,43:1436-1443.

[44] CHU W T. Eigenmode analysis of the interference patterns in reverberant sound fields[J]. J. Acoust. Soc. Am,1980,68:184-190.

[45] KUBOTA Y,E H DOWELL. Asymptotic modal analysis for sound fields of a reverberant chamber[J]. J. Acoust. Soc. Am,1992,92:1106-1112.

[46] BODLUND K. A new quantity for comparative measurements concerning the diffu-

sion of stationary sound fields[J]. J. Sound Vib,1976,44:191-207.

[47] JACOBSEN F. The diffuse sound field[R]. The Acoustics Laboratory, Technical University of Denmark,1979.

[48] NELISSE H, NICOLAS J. Characterization of a diffuse field in a reverberant room [J]. J. Acoust. Soc. Am,1997,101(6):3517-3524.

[49] WATERHOUSE R V. Interference Patterns in Reverberant Sound Fields[J]. J. Acoust. Soc. Am,1955,27(2):247-258.

[50] WATERHOUSE R V. Statistical Properties of Reverberant Sound Fields[J]. J. Acoust. Soc. Am,1968,43(6):1436-1444.

[51] ANDRES H G. The Spatial Variations of Noise Levels in Rooms and Applications for Sound Power Measurements[J]. Acustica,1965,16:279-294.

[52] DIESTEL H G. Interference Patterns in Reverberant Sound Fields[J]. J. Acoust. Soc. Am,1963,35(12):2019-2022.

[53] CHU W T. Comments on the Coherent and Incoherent Nature of a Reverberant Sound Field[J]. J. Acoust. Soc. Am,1981,49(6):1710-1715.

[54] UBMAND L, WATERHOUSE R V, CHIEN C S. Effectiveness of Continuous Space Averaging in a diffuse Sound Fields[J]. J. Acoust. Soc. Am,1973,53(2):650-659.

[55] CHIEN CHI-SHING. Spherical Averaging in a diffuse Sound Fields[J]. J. Acoust. Soc. Am,1975,57(4):972-975.

[56] WATERHOUSE R V, LUBMAN D. Discrete versus Continuous Space Averaging in a Reverberant Sound Field[J]. J. Acoust. Soc. Am,1970,48(2):1-5.

[57] LUBMAN D. Spatial Averaging in a Diffuse Sound Fields[J]. J. Acoust. Soc. Am, 1969,46(3):532-534(L).

[58] SCHREODER M R. Spatial Averaging in a Diffuse Sound Fields and the Equivalent Number of Independent Measurements[J]. J. Acoust. Soc. Am,1969,46(3):534 (L).

[59] CHU W T. Note on the independent sampling of mean-square pressure in reverberant sound fields[J]. J. Acoust. Soc. Am,1982,72(1):196-199.

[60] HOPKINS CARL. On the efficacy of spatial sampling using manual scanning paths to determine the spatial average sound pressure level in rooms[J]. J. Acoust. Soc. Am,2011,129(5):3027-3034.

[61] WATERHOUSE R V. Noise Measurement in Reverberant Rooms[J]. J. Acoust.

Soc. Am,1973,54(4):931-934.

[62] P MORSE M,INGARD K UNO. Theoretical Acoustics[M]. New York:McGraw-Hill Inc,1967:554-599.

[63] MAILING C G. Calculation of Acoustic Power Radiated by a Monepole in a Reverberant Chamer[J]. J. Acoust. Soc. Am,1967,42(4):859-865.

[64] SCHAFFNER A. Accurate estimation of the mean sound pressure level in enclosures [J]. J. Acoust. Soc. Am,1999,106(2):823-827.

[65] TICHY J,BAADE P. Effect of rotating diffusers and sampling techniques on sound-pressure averaging in reverberation rooms[J]. J. Acoust. Soc. Am, 1974, 56:137-143.

[66] SMITH W F,BAILEY J R. Investigation of the Statistics of Sound Power Injection from Low-frequency Finite-size Sources in a Reverberant Room[J]. J. Acoust. Soc. Am,1973,54(4):950-955.

[67] DAVY J L,DUNN I P,DUBOUT P. The Variance of Decay Rates in Reverberation Rooms[J]. Acustica,1979,43:12-25.

[68] EYRING C. Reverberation time in dead rooms[J]. J. Acoust. Soc. Am,1930,1:217-214.

[69] HODGSON M R. On measures to increase room sound-field diffuseness and the applicability of the diffuse-field theory [J]. J. Acoust. Soc. Am, 1994, 95:3651-3653.

[70] KUTRUFF K H. Sound decay in reverberation chambers with diffusing elements [J]. J. Acoust. Soc. Am,1981,69:1716-1723.

[71] Nutter D,LEISHMAN T,SOMMERFELDT S,et al. Measurement of sound power and absorption in reverberation chambers using energy density[J]. J. Acoust. Soc. Am,2007,121(5):2700-2710.

[72] COOK R K,SCHADE P A. New method for measurement of the total energy density of sound waves[M]. Washington DC:Proceedings of Inter-Noise,1974.

[73] SEPMEYER L W,WALKER B E. Progress report on measurement of acoustic energy density in enclosed spaces[J]. J. Acoust. Soc. Am,1974,55:S12(A).

[74] WATERHOUSE R V,COOK R K. Diffuse sound fields:Eigenmode and free-wave models[J]. J. Acoust. Soc. Am,1976,59,576-581.

[75] JACOBSEN F. The diffuse sound field:Statistical considerations concerning the

reverberant field in the steady state[R]. The Acoustics Laboratory:Technical University of Denmark,1979.

[76] MORYL J A. A study of acoustic energy density in a reverberation room,M. S. thesis [D]. Austin:The University of Texas,1987.

[77] MORYL J A,HIXSON E L. A total acoustic energy density sensor with applications to energy density measurement in a reverberation room[J]. Proceedings of Inter-Noise,1987,2:1195-1198.

[78] KUTTRUFF H. Room Acoustics[M],4th ed. London :Spon Press,2000.

[79] 马大猷. 论室内声场[J]. 声学学报,2003,28(2):97-101.

[80] 马大猷. 室内声场公式[J]. 声学学报,1989,14(5):383-385.

[81] 马大猷. 室内稳态声场[J]. 声学学报,1994,19(1):13-21.

[82] 马大猷. 复议室内稳态声场[J]. 声学学报,2002,27(5):385-388.

[83] 钟祥璋,陈炎. 提高混响室声功率测定精度的研究[J]. 同济大学学报,1989,17(3):415-420.

[84] 于渤. 噪声源声功率级测量的进展[J]. 计量学报,1985,6(3):234-240.

[85] COOK R K,WATERHOUSE R V. Measurements of correlation coefficients in reverberant sound fields[J]. J. Acoust. Soc. Am,1955,27:1072-1077.

[86] MAILING G C. Calculation of Acoustic Power Radiated by a Monopole in a Reverberation Chamber[J]. The Journal of the Acoustical Society of America,1967,42(4):859-865.

[87] MAIDANIK G. Response of ribbed panels to reverberant acoustic fields[J]. J. Acoust. Soc. Am,1962,34(6):809-826.

[88] LUDWING G R. An experimental investigation of the sound generated by thin steel panels excited by turbulent flow (boundary layer noise)[R]. Univ. of Toronto,1987.

[89] SCHULTZ T J. Outlook for in-situ measurement of noise from machine[J]. J. Acoust. Soc. Am,1973,54(4):982-984.

[90] DIEHL G M. Sound power measurement on large machinery installed indoor:Two-surface Method[J]. J. Acoust. Soc. Am,1977,61(2):449-455.

[91] ANGEVINE O L,O'DONNEL R F. Method for determining sound power levels of large machinery[J]. J. Acoust. Soc. Am,1974,55:S14(A).

[92] HUBNER G. Analysis of errors in measuring machine noise under free field condi-

tions[J]. J. Acoust. Soc. Am,1973,54(4):965-975.

[93] HUBNER G. Qualification procedure for free field condition of sound power determination of sound source and method for the determination of appropriate environmental correction[J]. J. Acoust. Soc. Am,1977,61(2):456-464.

[94] HOLMER C I. Investigation of procedures for estimation of sound power in the free field above a reflecting plane[J]. J. Acoust. Soc. Am,1977,61(2):465-475.

[95] ANGEVINE O L. Improving the acoustic environment for in situ noise measurements [J]. J. Acoust. Soc. Am,1977,61 (2):484-486.

[96] MORLAND J B. Measurement of sound absorption in rooms[J]. J. Acoust. Soc. Am,1977,61 (2):476-483.

[97] 何祚镛,赵玉芳.声学理论基础[M].北京:国防工业出版社,1981:70-720.

[98] 杜功焕,朱哲民,龚秀芬.声学基础[M].南京:南京大学出版社,2001:226-230.

[99] BLAKE W K,MAGE L J. Chamber for reverberant acoustic power measurements in air and in water[J]. J. Acoust. Soc. Am,1975,57(2):380-384.

[100] 俞孟萨,吕世金,吴永兴.半混响法环境下水下结构辐射声功率测量[J].应用声学,2001,20(6):23-27.

[101] 王春旭,邹建,张涛,等.水下湍射流流噪声实验研究[J].船舶力学,2010,14(1-2):172-180.

[102] 俞孟萨,胡拥军,陈克勤.突体剖面线型的流噪声机理分析和实验研究[J].应用声学,1998,17(5):44-48.

[103] 朱习剑,何祚镛.水洞中突出矩形腔的流激驻波振荡研究[J].哈尔滨船舶工程学院学报,1993,14(4):41-52.

[104] 李琪.水筒噪声测量方法研究[D].哈尔滨:哈尔滨船舶工程学院,1990.

[105] 李琪,杨士莪.水筒噪声测量方法的改进[J].中国造船,1992,3:70-79.

[106] 尚大晶,李琪,商德江,等.水下声源辐射声功率测量实验研究[J].哈尔滨工程大学学报,2010,31(7):938-944.

[107] Maa D Y,Sound power emission in reverberation chambers[J]. J. Acoust. Soc. Am,1988,83(4):1414-1419.

[108] 马大猷,声功率测定中的低频率差异问题[J].声学学报,1989,14(3):167-177.

[109] LANG W W,NORDBY K S. Reverberation chamber power level measurements on sound sources[R]. Copenhagen,1962.

[110] UOSUKAINEN S. On The use of the waterhouse correction[J]. J. Sound Vib, 1995,186(2):223-230.

[111] 刘永伟,商德江,李琪,等.含悬浮泥沙颗粒水介质的声吸收实验研究[J].兵工学报,2010,31(3):309-315.

[112] 李敏毅,孙海涛,吴杰歆,等.混响时间及测量方法简介[J].中国测试技术,2005,31(1):18-20.

[113] 成忠军,周笃强,牛聪敏.脉冲响应法测量混响时间技术的研究[J].应用声学,2000,19(1):1-15.

[114] 张武威.关于室内混响时间的计算问题[J].声频工程,2005,3:17-27.

[115] 杨小军,沈勇,乐意.混响室中混响时间测量偏差[J].声学技术,2009,28(6) Pt.2:94-97.

[116] TEST RESULTS FOR HYDROSOUNDER MODEL UW350[R]. Hailsham:U. K. Data physics. Ltd,2010.

[117] 金泰义.精度理论与应用[M].合肥:中国科学技术大学出版社,2005:6-37.

[118] 许颖.标准声源混响室精密测量法的研究[D].武汉:华中科技大学,2005:32-53.

[119] 俞孟萨,吴有生,庞业珍.国外舰船水动力噪声研究进展概述[J].船舶力学,2007,11(1):152-158.

[120] BLAKE W K. Mechanics of flow-induced sound and vibration[M]. London:Academic Press,1986.

[121] 周心一,吴有生.流体动力性噪声的相似关系研究[J].声学学报,2002:27(4):373-376.